ホログラフィ入門
コンピュータを利用した3次元映像・3次元計測
INTRODUCTION TO HOLOGRAPHY
Three-dimensional image and three-dimensional measurement using computer

伊藤 智義・下馬場 朋禄 [著]
Ito Tomoyoshi・Shimobaba Tomoyoshi

●ご注意

(1) 本書を発行するにあたって，内容について万全を期して制作いたしましたが，万一，ご不審な点や誤り，記載漏れなどお気づきの点がありましたら，出版元まで書面にてご連絡ください．

(2) 本書の内容に関して適用した結果生じたこと，また，適用できなかった結果について，著者および出版社とも一切の責任を負えませんので，あらかじめご了承ください．

(3) 本書に記載されている情報は，2017年4月時点のものです．

(4) 本書に記載されているウェブサイトなどは，予告なく変更されていることがあります．

(5) 本書に記載されている会社名，製品名，サービス名などは，一般に各社の商標または登録商標です．なお，本書では，TM，Ⓡ，Ⓒマークを省略しています．

1 光学ホログラフィ

STORY6

デニシュウクホログラム
（エルミタージュ美術館の花瓶）

レーザーの発明とともにホログラフィは爆発的な進展を遂げ，特に旧ソ連では貴重な美術品を数多く記録した．ソ連科学アカデミーが製作し，当時のソ連首相から日本に贈られた歴史的なホログラム（千葉大学所蔵）．

図 2.6

マルチプレックスホログラム（腰骨）

1970年代後半から辻内教授（当時）の指導のもと，凸版印刷と富士写真光機によって全周から観察可能な円筒型のマルチプレックスホログラムが開発され，医療診断用の試作が行われた．当時の記録を残す貴重な作品（酒井朋子氏所蔵）．

2 電子ホログラフィ

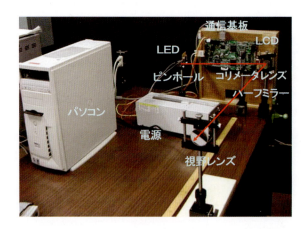

図 2.16　実験装置

ホログラフィは，記録においては精密な光学系を必要とするが，再生においてはそれほどの設備を必要としない．ホログラムをコンピュータで作成する電子ホログラフィの光学系は簡易でも十分に機能する．

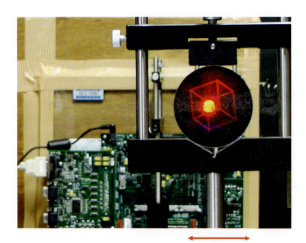

図 2.5　電子ホログラフィ再生

記録にはレーザーが必須であるが，再生では発光ダイオード (LED) でも十分である．LED は安全性が高く，再生像とともに LED の直接光も投影した様子を示した．暗室も必須ではなく，照明光下でも十分に視認できる．

3 カラーホログラフィ1 （3枚パネルカラーホログラフィ）

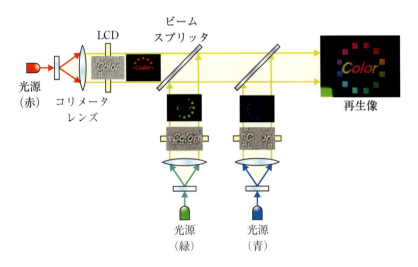

図 2.29　3枚パネルカラーホログラフィ

カラーホログラフィを実現するためには，3次元画像を赤・緑・青 (RGB) の3原色に分けて重ね合わせる．そのためには3原色用に3セットの電子ホログラフィシステムを用意する．基本的な考え方は2次元画像と同じである．ただし，空中で重ね合わせるため，きれいな混色を出すことが難しい．

4 カラーホログラフィ2 （時分割方式）

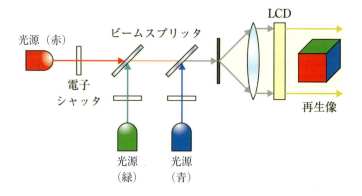

図 2.30 時分割方式

ホログラムを表示するパネルを一つにしたシステムである．3原色それぞれのホログラムは時分割して順番に表示する．小型にでき，ホログラム面が同一なので調整しなくてもよいという利点がある．

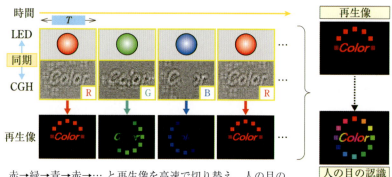

赤→緑→青→赤→… と再生像を高速で切り替え，人の目の残像効果によりカラー再生像として認識させる

図 2.31 時分割方式の動作

表示したホログラムに合わせて，電子シャッタなどで各色の光を適切に照明する．人の目は1秒間に15フレーム以上の速さで画像を更新すると，ちらつかずに映像を認識することが知られている．

5 カラーホログラフィ3 (空間多重方式)

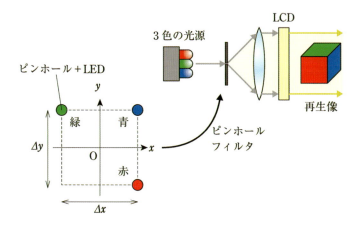

▌図 2.32 ▌ 空間多重方式

表示パネルが1枚で，電子シャッタなどの付加的な装置も必要としないカラー手法である．通常のカラー化と異なり，RGB各色の照明光の軸をずらして投影する．

▌図 2.33 ▌ 空間多重方式の再生エリア

RGBの照明光ごとに異なった再生像が投影されるが，定めた領域内では所望のカラー画像が重なる．

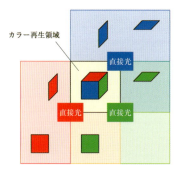

▌図 2.34 ▌ 再生例

四角のエリアが投影領域で，三つの隅にRGB各色の直接光が明るく見える．その中にカラーのサイコロが投影されている．

6 ガボール型カラーデジタルホログラフィック顕微鏡

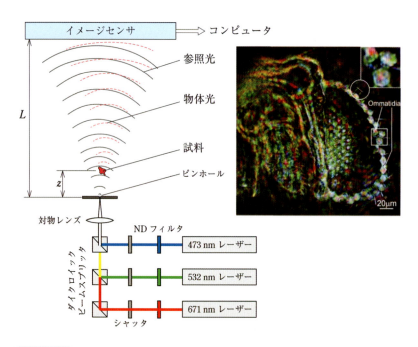

図 4.17 ガボール型カラーデジタルホログラフィック顕微鏡

ガボール型の光学系に RGB のレーザー光源を導入してカラーイメージングを行う．観察物体は波長依存性をもつため，1 波長では物体の一部が観察できないことがあるが，多波長化によりこの問題を改善できる．

はじめに

ホログラフィはハンガリー出身のガボールによって1947年に発明された技術である．光の波面をそのまま記録・再生することができる．ホログラフィ（技術）およびホログラム（記録媒体）は，ギリシャ語で"すべて"を意味する"holos"に因んで名付けられた．波長が与えられた光波を決定する変数は振幅と位相である．写真が振幅のみを記録する技術であるのに対して，ホログラフィは振幅と位相の両方を記録する．そのため，元の物体から放射していた光波がそのまま再現される．

光を記録するうえで，光の強度を表している振幅はわかりやすい．一方，位相の意味するところは，なかなかつかみづらい．簡単にいえば，位相がずれているということは，距離が異なっているということである．

同じ波長の光が，位相がずれて重なると干渉縞が生じる．ホログラフィは干渉計を映像に応用した技術とみることもできる．アイデアは注目に値した．しかし，干渉縞が形成されるためには，波長が安定したコヒーレントな光が必要である．

転機は1960年に発明されたレーザーである．コヒーレント光を実現するレーザーによって，ホログラフィは劇的な発展を遂げる．1962年には，アメリカのリースとウパトニークス，旧ソ連のデニシュウクらによって，それぞれレーザー光源を利用したホログラムが作製された．見事な3次元像が再生され，映像・計測分野に衝撃を与えた．

光技術によるホログラフィは3次元映像，3次元計測のほかにも，高精細という特徴を利用した紙幣の偽造防止用途など，幅広く応用されるようになった．レーザーの発明以降，10年ほどでホログラフィの基礎研究，応用研究は出そろうほどの勢いとなり，1971年にはガボールがホログラフィの発明によってノーベル賞を受賞している．

1990年頃から，ホログラフィにコンピュータ技術が加わって，研究のスタイルが大きく変わっていく．それまでの光学技術に基盤をおいたホログラフィ研究が第一世代だとすると，コンピュータ技術に基盤をおくホログラフィ研究は第二世代にあたる．本書の特徴は，これまでのホログラフィ入門書が第一世代の研究者によるものだったのに対して，第二世代の研究者の視点による解説書になっていることである．このような機会を与えていただいた講談社，ならびに編集担当の横山真吾氏には心よりお礼申し上げたい．

同時に，コンピュータホログラフィの研究は日本が世界を先導する一翼を担っており，多くのすぐれた研究者が活躍されていることも，はじめに申し上げておきたい．本書の流れの中では紹介できなかった先生方にはお詫び申し上げたい．日本の研

究状況については，日本光学会ホログラフィック・ディスプレイ研究会（HODIC）が中心となってまとめられた『日本のホログラフィーの発展』（日本のホログラフィーの歴史編集委員会(編)，アドコム・メディア，2010)に詳しいので，参照されたい．

　伊藤は，1992年，群馬大学工学部電気電子工学科に着任し，そこでホログラフィの知見を得て研究を始めた．下馬場は，翌1993年に入学し，3年後の卒業研究から伊藤とともにコンピュータホログラフィの研究を開始した．以来，20年を超える歳月が流れた．伊藤は1999年に千葉大学に，下馬場は理化学研究所，山形大学，千葉大学へと活動の場を移しているが，共同で研究を続けている．

　その間，10名を超えるメンバーが教育研究職に就いている．転出先で活躍している東京理科大学の増田信之氏，高知大学の高田直樹氏，老川稔氏，国立天文台の中山弘敬氏，長谷川鋭氏，情報通信研究機構の市橋保之氏，東京大学の木脇太一氏，金沢大学の遠藤優氏，千葉大学の同僚として活躍している杉江崇繁氏，白木厚司氏，角江崇氏，若き研究者としてスタートし始めた学術振興会特別研究員の平山竜士氏，長浜佑樹氏である．民間企業においても，干川尚人氏，西辻崇氏が研究者および千葉大学非常勤講師として活躍している．卒業生は150名を超え，現在所属している30余名の在学生も含め，本書は彼らの研究成果を基盤として成り立っている．また，研究グループは異なるが，同じ千葉大学所属の酒井朋子氏からは光のホログラフィについての知見を数多くいただいた．心より感謝申し上げたい．

　ホログラフィは，コンピュータ技術によって，静止画から動画へと可能性を広げていった．3次元テレビや3次元顕微鏡，レンズを使わないプロジェクタ，ホログラフィックメモリなど，多くの可能性を示している．ただし，ホログラフィのもつ情報量が膨大なために，実用技術への障壁は依然として高い．1990年代，「ホログラフィによる3次元テレビの実用化は今後20年を要する」といわれた．ところが，20年余りが過ぎた今日でも「実用化には20年を要する」といわれている．困難ではあるが，夢のある技術でもある．本書は，コンピュータを利用したホログラフィ研究の入門書である．大学3年生以上を対象としている．本書でコンピュータホログラフィの端緒をつかみ，大きなチャレンジの一歩となれば，幸甚である．

2017年7月
著　者

目次

第1章 光波とホログラフィの基礎 … 001
- 1.1 スカラー波 … 001
- 1.2 平面波と球面波 … 003
- 1.3 ホログラフィの原理 … 005
- STORY 1 ホログラフィの歴史 … 014
- STORY 2 電子顕微鏡 … 016

第2章 電子ホログラフィと3次元映像 … 018
- 2.1 現状と課題 … 018
- 2.2 計算機合成ホログラム（CGH） … 022
- 2.3 電子ホログラフィシステム … 032
- 2.4 高速化手法 … 047
- STORY 3 ホログラフィの発明 … 064
- STORY 4 レーザーとホログラフィ … 066

第3章 回折 … 068
- 3.1 ゾンマーフェルト回折積分 … 068
- 3.2 角スペクトル法（平面波展開） … 069
- 3.3 フレネル回折 … 072
- 3.4 フラウンホーファ回折 … 075
- 3.5 回折計算の演算子 … 076
- 3.6 回折の数値計算 … 077
- 3.7 特殊な回折計算 … 095
- STORY 5 オフアクシスホログラム … 100
- STORY 6 デニシュウクホログラム … 102

第4章 デジタルホログラフィと3次元計測 … 104
- 4.1 デジタルホログラフィ … 104

4.2　デジタルホログラフィの問題点　109
4.3　インライン型デジタルホログラフィ　111
4.4　オフアクシス型デジタルホログラフィ　112
4.5　ガボール型デジタルホログラフィ　115
4.6　位相シフトデジタルホログラフィ　119
STORY 7　レインボーホログラム　126
STORY 8　電子顕微鏡とホログラフィのノーベル賞　128

第5章　ホログラフィの応用事例　130

5.1　位相回復アルゴリズム　130
5.2　ホログラフィックメモリ　137
5.3　ホログラフィックプロジェクション　146
STORY 9　ガボールの夢を叶えた日本の技術者　154
STORY 10　コンピュータとホログラフィ　156

付録A　フーリエ変換　158
参考文献　160
索　引　169

Introduciton to Holography

光波とホログラフィの基礎

ホログラフィは波面を記録する技術である．光学には，光を光線として扱う幾何光学と波として扱う波動光学がある．ホログラフィは波動光学であり，波の現象である干渉と回折を利用する．コンピュータで取り扱う場合，基本となるのは平面波と球面波である．本章では，コンピュータホログラフィの基礎となる事項として，光波を決定する変数である振幅と位相，平面波と球面波，ホログラムの原理を解説する．

1.1 スカラー波

光は電磁波の一種である．電場と磁場が相互作用によって振動し，振動方向と垂直な方向に進行する横波である（**図 1.1**）．厳密には，電磁気学のマクスウェルの方程式に基づいて取り扱われる．電場と磁場はベクトルであり，ベクトルで決定される波を**ベクトル波**という．ベクトル波は，成分ごとに異なる計算処理を行う必要があるので，一般に取り扱いが難しい．

一方で，一つの式で表すことができる波を**スカラー波**という．誘電率および透磁率が一定で均質な空間においては，電磁波でも各成分を一つの式で記述できることから，スカラー波で近似できる（**図 1.2**）．幸いなことに，コンピュータホログラフィのほとんどの応用では近似的にスカラー波として取り扱うことが可能であり，計算が簡略化される．

スカラー波で近似した光波では，電場や磁場を意識する必要はない．波を決定する変数は振幅と位相である．また，コンピュータホログラフィで扱う光波は，ほとんどの場合，sin 関数や cos 関数で表現できる正弦波である．1

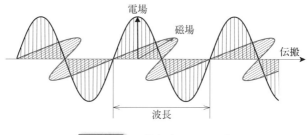

図 1.1 　電磁波（ベクトル波）

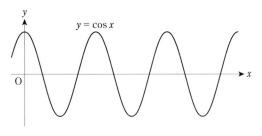

図 1.2 スカラー波に近似した光波の例

次元方向 x と時間 t で表記すれば，(1.1) 式となる．

$$A(x,t)\cos\left[2\pi\left(\frac{x}{\lambda}-ct\right)+\phi\right] \tag{1.1}$$

ここで，$A(x,t)$ は光の**振幅**である．cos 関数の引数 $\left[2\pi\left(\frac{x}{\lambda}-ct\right)+\phi\right]$ が**位相**で，光の波としての性質を担っている．振幅と位相で光の状態が定まるが，ホログラフィにおいては，特に位相の取り扱いが重要になる．

位相の中にある λ は光の波長であり，c は光速である．ϕ は初期状態 ($x=0$, $t=0$) のときの位相を表す**初期位相**である．正弦波を表す cos 関数（あるいは sin 関数）は 2π の周期をもっている．(1.1) 式は，空間的には x が λ の整数倍になると元の状態に戻ることを示している．時間方向には，ct が整数値のときに元に戻る．

ところで，光速 c は真空中で約 3×10^8 m/s である．可視光の波長帯（400～700 nm）で光の振動数 $f=c/\lambda$ を見積もると 10^{15} Hz（1 秒間に 1,000 兆回振動する速さ）程度になる．これほど高速な現象をとらえることは困難であり，一般には，時間方向には平均化された情報を観測することになる．コンピュータホログラフィでも同様で，時間の項は無視して考える．

以上より，基本として取り扱う光波の式は，1 次元では (1.2) 式となる．

$$A(x)\cos\left[2\pi\left(\frac{x}{\lambda}\right)+\phi\right]=A(x)\cos(kx+\phi) \tag{1.2}$$

ここで，$2\pi/\lambda=k$ とおいた．k は**波数**で，周期 2π の中に波長 λ がいくつ入っているかを表す物理量である．

三角関数を扱う場合，**オイラーの公式** $e^{i\theta}=\cos\theta+i\sin\theta$ を用いると，数学的には簡潔な表現になる．そこで，光波の式は複素数として (1.3) 式で表記されることが多い．(1.3) 式の実数部が (1.2) 式になる．物理現象として現れるのは実数部であるが，本書でも (1.2) 式と (1.3) 式を，適宜使い分ける．

$$A(x)e^{i(kx+\phi)} \tag{1.3}$$

光は3次元空間を伝搬するので，(1.3) 式を3次元に拡張する．x は位置ベクトル $\mathbf{r}=(x,y,z)$ に置き換える．波数 k も伝搬方向で大きさ k となるように，x,y,z 軸に射影した成分でベクトル $\mathbf{k}=(k_x,k_y,k_z)$ として表記する．$\sqrt{k_x^2+k_y^2+k_z^2}=k$ である．これらを用いると，コンピュータホログラフィで扱う光波の一般式は，(1.4) 式となる．

$$A(\mathbf{r})e^{i(\mathbf{k}\cdot\mathbf{r}+\phi)} \tag{1.4}$$

1.2 平面波と球面波

コンピュータホログラフィで扱う光波は，主として，**平面波**と**球面波**である．**図1.3** のように，位相が等しい部分（**等位相面**）をつないだときに平面になる波を平面波という．

平面波は，波源から照射された後，振幅は一定のまま減衰しない．x 軸方向に進行する平面波は，(1.3) 式で $A(x)$ を定数で置き換えて，(1.5) 式で記述できる．定数 A は平面波の振幅を表す．

$$Ae^{i(kx+\phi)} \tag{1.5}$$

xy 平面のある方向に進む平面波は2次元で表記できる．**図1.4**(a) のように，x 軸から θ 離れた角度で進む平面波は，**波数ベクトル**が $\mathbf{k}=(k\cos\theta, k\sin\theta, 0)$ であるので，(1.4) 式で $A(\mathbf{r})$ を定数 A（振幅）で置き換えて，(1.6) 式のように記述できる．

$$Ae^{i(k_xx+k_yy+\phi)} = Ae^{i(kx\cos\theta+ky\sin\theta+\phi)} \tag{1.6}$$

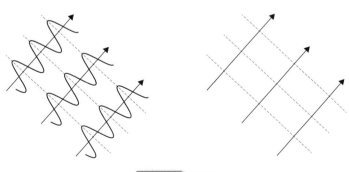

図1.3　平面波

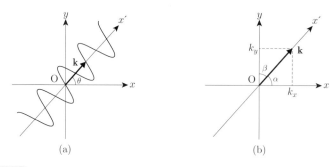

図 1.4 2次元の平面波の伝搬．(a) 角度 θ での平面波の表現．(b) 方向余弦での平面波の表現

　平面波においては，波数ベクトルが波面の進む方向を決定している．**幾何光学**では，光線（光波）の進行方向を**方向余弦**で表すことがある．図 1.4(b) はその図である．波数ベクトル $\mathbf{k}$ と x 軸の角度を α，y 軸との角度を β とすると，$\cos\alpha$，$\cos\beta$ がこの場合の方向余弦である．方向余弦を用いると，波数ベクトルは (1.7) 式のように表される．

$$\mathbf{k} = (k_x, k_y) = (k\cos\alpha, k\cos\beta) \tag{1.7}$$

　図 1.4(b) から，$\cos\alpha = \cos\theta$，$\cos\beta = \cos(\pi/2 - \theta) = \sin\theta$ であることがわかる．

　方向余弦は 2 次元では意図が伝わりにくいが，3 次元表記が必要なときには有用である．**図 1.5** に 3 次元空間のある方向に進む平面波を示す．波数ベ

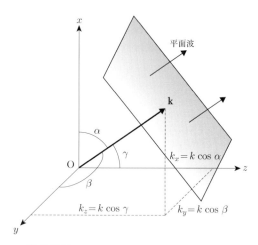

図 1.5 方向余弦と 3 次元の平面波の伝搬

クトル $\mathbf{k}$ と x, y, z 軸とのなす角をそれぞれ α, β, γ とすると、方向余弦は $\cos\alpha, \cos\beta, \cos\gamma$ であり、図 1.5 から幾何的に波数ベクトルが (1.8) 式と求まる.

$$\mathbf{k} = (k_x, k_y, k_z) = (k\cos\alpha, k\cos\beta, k\cos\gamma) \tag{1.8}$$

波数ベクトルが定まれば，1 次元および 2 次元と同様に，3 次元の平面波が定式化される．A を振幅として (1.9) 式のように表現できる.

$$Ae^{i(k_x x + k_y y + k_z z + \phi)} = Ae^{i(kx\cos\alpha + ky\cos\beta + kz\cos\gamma + \phi)} \tag{1.9}$$

続いて，球面波の表記を示す．**図 1.6** のように，点光源から発した波が等方に広がるとき，つまり，等位相面が球面になる波のことを**球面波**という．球面波では，強度は $1/r$ で減衰する．また，半径 r の球面上での振幅および位相は同じである．つまり，極座標でみれば 1 次元（r の関数）で表現できることになる．以上より，A を定数として，球面波は (1.10) 式で表現される.

$$\frac{A}{r}e^{i(kr+\phi)} \tag{1.10}$$

球面波では，波源を離れた波面は，空間のどこにおいても，波数ベクトル $\mathbf{k}$（波面の進行方向）と位置ベクトル $\mathbf{r}$ が同じ向きであるので，$\mathbf{k}\cdot\mathbf{r} = kr$ が成り立つ．このことから，球面波 (1.10) 式は (1.4) 式において $A(\mathbf{r}) = \frac{A}{r}$, $\mathbf{k}\cdot\mathbf{r} = kr$ を代入したものとも理解できる．

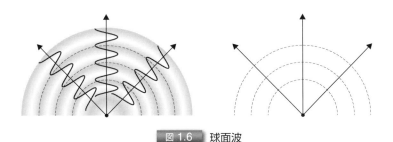

図 1.6　球面波

1.3　ホログラフィの原理

ホログラフィは 3 次元物体からの光（**物体光**）を写真乾板などの 2 次元媒体（**ホログラム**）に記録する技術である．ホログラムには物体光の振幅と位相の両方が記録される．ここではホログラフィがなぜ 3 次元像の記録と再

生ができるのかを，簡易に説明する．コンピュータでホログラムを作成する具体的な方法については 2 章で述べる．

コンピュータを利用したホログラフィは，**電子ホログラフィ**と**デジタルホログラフィ**に大別される．本書では二つを合わせた技術を**コンピュータホログラフィ**と呼称する．

電子ホログラフィはコンピュータで計算によってホログラムを作成し，光学系で 3 次元像を投影する技術である（**図 1.7**）．光学系は，ホログラムを表示するための**液晶ディスプレイ**（**LCD**: liquid crystal display）や光源などで構成される．主に映像技術に使われる．

一方，デジタルホログラフィはレンズやカメラなどの光学系でホログラムを撮像し，そのデータからコンピュータ内で 3 次元像を可視化する技術である（**図 1.8**）．主に計測技術に使われる．

なお，ホログラフィの分野では，一般に，光学フィルムなどでホログラムを作る場合は実際にモノを作り上げるので「作製」を使い，コンピュータでホログラムを作る場合は（実際に手にもつようなモノではない）データを作ることになるので「作成」を使う．本書でも同様の使い分けを行っている．

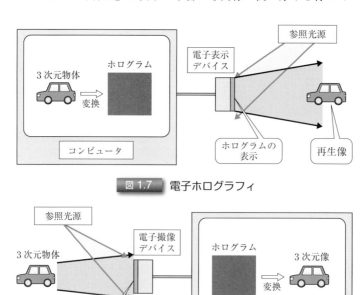

図 1.7 電子ホログラフィ

図 1.8 デジタルホログラフィ

1.3.1 干渉と回折

光波の重なりは，単純な足し合わせで考えることができる．これを光の重ね合わせの原理という．位相がそろった光波を重ね合わせると**干渉縞**が形成される．これがホログラムの基本原理である．位相がそろった状態を**コヒーレンス**といい，干渉縞を形成できることから，**可干渉性**とも呼ばれる．代表的なコヒーレント光はレーザーである．ホログラフィにおいて，レーザーは非常に大きな役割を担っている．

図 1.9(a) にホログラムの**撮影光学系**を示す．レーザー光をビームスプリッタで二つに分け，片方のレーザー光をレンズで広げることで撮影したい 3 次元物体全体に照射する．3 次元物体の表面で拡散されたレーザー光はホログラム面上に届く．この光を**物体光**と呼ぶ．ただし，このままでは写真と同じで 3 次元物体の 3 次元情報を記録することができない．ホログラフィでは，もう片方のレーザー光をレンズで広げてホログラム面に照射する．この光を**参照光**と呼ぶ．

ホログラムの記録は図 1.9(b) のように簡略化して考えることができる．ホログラム面 (x, y) 上での物体光の分布を (1.11) 式のようにおく．

$$O(x,y) = A(x,y)\exp(i\phi(x,y)) \tag{1.11}$$

また，ホログラム面上での参照光の分布も同様に (1.12) 式とおく．

$$R(x,y) = A_\mathrm{R}(x,y)\exp(i\phi_\mathrm{R}(x,y)) \tag{1.12}$$

物体光と参照光を足し合わせて，強度分布 $I(x,y)$ をとれば，ホログラム

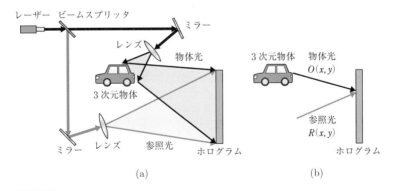

図 1.9　ホログラムの撮影光学系．(a) システム構成 (b) 物体光と参照光の重ね合わせ

の干渉縞が得られる．計算は (1.13) 式のとおりである．ここで，* は複素共役を表す．

$$
\begin{aligned}
I(x,y) &= |O(x,y) + R(x,y)|^2 = \{O(x,y) + R(x,y)\}\{O(x,y) + R(x,y)\}^* \\
&= \underbrace{|O(x,y)|^2 + |R(x,y)|^2}_{\text{直接光成分}} + \underbrace{O(x,y)R^*(x,y)}_{\text{物体光成分}} + \underbrace{O^*(x,y)R(xy)}_{\text{共役光成分}}
\end{aligned}
$$
(1.13)

(1.13) 式は，ホログラムには物体光と参照光の直接光（強度）成分（第 1 項，第 2 項），物体光の成分（第 3 項），物体光の複素共役な成分（第 4 項）が含まれていることを示している．

ホログラムから 3 次元像を再生する光学系は**図 1.10** を使う．ホログラムを記録したときと同じ位置，同じ波長の参照光をホログラムに照射することで 3 次元像を再生できる．ホログラム $I(x,y)$ に参照光 $R(x,y)$ を照射する数学的表記は $I(x,y) \times R(x,y)$ なので，(1.14) 式となる．

$$
\begin{aligned}
I(x,y) \times R(x,y) &= \underbrace{R(x,y)\left\{|O(x,y)|^2 + |R(x,y)|^2\right\}}_{\text{直接光}} + \underbrace{O(x,y)}_{\text{物体光}} \\
&+ \underbrace{O^*(x,y)R^2(x,y)}_{\text{共役光}}
\end{aligned}
$$
(1.14)

(1.14) 式では直接光の成分をまとめて第 1 項とした．第 2 項が物体光そのものになっていることがわかる．ホログラムの微細な干渉縞によって再生光は回折される．この**回折光**の一部が，ちょうど物体光と同じ波面になるため，

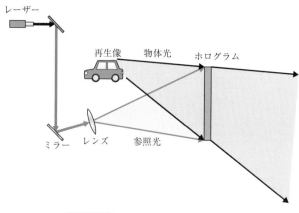

図 1.10 ホログラムからの像再生

人間がホログラムをのぞき込むと，その奥に物体が存在するように見える．

ホログラムからは**図1.11**のように直接光，物体光，共役光が再生される．物体光は所望の光，**直接光**は参照光がホログラムをそのまま透過した光，**共役光**は物体光と共役の関係にある光となっている．物体光のみが再生されれば理想的だが，3次元情報を2次元のホログラムに記録すると，直接光，共役光も記録されてしまうので，再生時にも同様に，直接光と共役光も再生されることになる．物体光と共役光の関係は2章で具体的に解説する．また，回折光がホログラムから伝搬していく様子は3章で式とともに述べる．

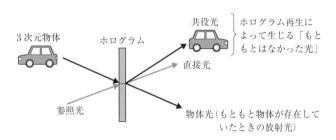

図1.11 ホログラム再生時に生じる物体光，共役光，直接光

1.3.2 インラインホログラムとオフアクシスホログラム

ホログラムは参照光の入射角度によって，**インラインホログラム（オンアクシスホログラム**とも呼ばれる）と**オフアクシスホログラム**の二つに分けることができる．**図1.12**(a) のように，ホログラムに対する参照光の入射角度が $0°$ のときにインラインホログラムが撮影され，図1.12(b) のように θ だけ傾いた参照光で撮影されるホログラムをオフアクシスホログラムという．

インラインホログラムを数式で表現してみよう．ここでは最も簡単に，振幅が1で，ホログラム面での位相が0となる平面波を参照光とする．ホログラム面上での参照光は (1.15) 式で計算されて，1となる．

$$R(x,y) = A_R(x,y) \exp(i\phi_R(x,y)) = 1 \times \exp(i \cdot 0) = 1 \quad (1.15)$$

したがって，インラインホログラムの強度分布（干渉縞）は (1.16) 式で計算される．

$$\begin{aligned} I(x,y) &= |O(x,y) + R(x,y)|^2 = |O(x,y) + 1|^2 \\ &= |O(x,y)|^2 + 1 + O(x,y) + O^*(x,y) \quad (1.16) \end{aligned}$$

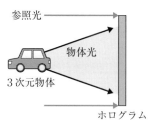 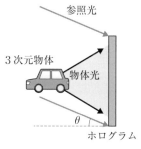

(a) インラインホログラム   (b) オフアクシスホログラム

図 1.12 (a) インラインホログラムと (b) オフアクシスホログラム

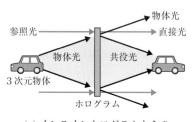 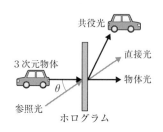

(a) インラインホログラムからの像再生   (b) オフアクシスホログラムからの像再生

図 1.13 (a) インラインホログラムと (b) オフアクシスホログラムからの像再生

インラインホログラムからの再生は，(1.16) 式の $I(x,y)$ に参照光と同じ光 $R(x,y) = 1$ を照射して行うので，(1.17) 式で表される．

$$I(x,y) \times R(x,y) = I(x,y) = |O(x,y)|^2 + 1 + O(x,y) + O^*(x,y) \quad (1.17)$$

第1項と第2項は直接光，第3項が物体光で，第4項は共役光となる．再生される物体光，共役光，直接光は**図 1.13**(a) のようになっており，ホログラムを右から見たときに，物体光を3次元観察できるが，その他の光も同時に見えてしまうため観察しづらい（画質が悪い）という難点がある．

オフアクシスホログラムはこの問題を解決できる．ここでは最も簡単に，振幅が1, 初期位相が0で，角度 θ で入射する平面波を参照光とする．ホログラム面上での参照光の分布は (1.18) 式で表される．

$$R(x,y) = A_R(x,y) \exp(ikx\sin\theta) = \exp(ikx\sin\theta) \quad (1.18)$$

したがって，オフアクシスホログラムは (1.19) 式で計算される．

$$\begin{aligned} I(x,y) =& |O(x,y)+R(x,y)|^2 \\ =& |O(x,y)|^2 + 1 + O(x,y)\exp(-ikx\sin\theta) \\ & + O^*(x,y)\exp(ikx\sin\theta) \end{aligned} \quad (1.19)$$

オフアクシスホログラムからの再生は，(1.19) 式の $I(x,y)$ に参照光と同じ光 $R(x,y) = \exp(ikx\sin\theta)$ を照射するので，(1.20) 式で表される．

$$\begin{aligned} I(x,y) \times R(x,y) =& (|O(x,y)|^2 + 1)\exp(ikx\sin\theta) + O(x,y) \\ & + O^*(x,y)\exp(i2kx\sin\theta) \end{aligned} \quad (1.20)$$

第 2 項は物体光となっており，第 1 項の直接光は θ 方向へ，第 3 項の共役光はほぼ 2θ 方向へ進む．ここでは，θ が小さいときの近似式 $\sin 2\theta \approx 2\theta$ を，概算値の算出に用いた．

インラインホログラムの場合と異なり，再生される物体光，共役光，直接光は，図 1.13(b) のように分離していることがわかる．ホログラムを右から見たときに，共役光，直接光は目に入らず，物体光のみを観察できる．

1.3.3 コンピュータホログラフィでよく使用されるホログラムの種類

ホログラムは，さまざまな基準で分類される．前節ではインラインホログラムとオフアクシスホログラムを紹介した．これは，参照光を照射する角度による分類である．本節では，コンピュータホログラフィでよく使用されるホログラムを簡単に紹介する．詳しい説明は，2 章以降で随時行う．

3 次元物体とホログラムの距離で分類すると，次のようになる．

- 近距離（近傍）：イメージホログラム
- 近距離〜中距離：フレネルホログラム
- 遠距離：フラウンホーファホログラム

基本となるのが，**フレネルホログラム**である．前節までの説明はフレネルホログラムを前提に行った．波動光学の用語でいえば，物体光が**フレネル回折**で記述できる場合のホログラムである．

ホログラムと物体の距離が非常に遠い場合，物体光は**フラウンホーファ回折**で記述できる．この場合のホログラムを**フラウンホーファホログラム**という．物体を非常に遠方におくことは困難なことが多く，実験では，しばしばレンズが使用される．遠くからきた光は平行光に近づく．私たちは，太陽

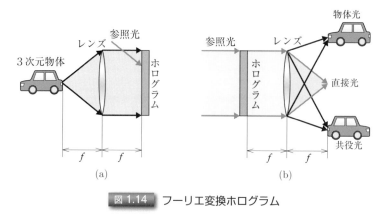

図 1.14　フーリエ変換ホログラム

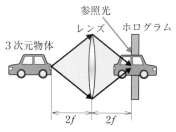

図 1.15　イメージホログラム

光をレンズに通すと，焦点位置に集光する（正確には太陽が結像する）ことを知っている．逆に，焦点位置に点光源をおくと，その光はレンズによって平行光になる．このことを利用すると，レンズを使えば，近似的にフラウンホーファ回折を実現することができる．**図 1.14**(a) のように，焦点距離 f のレンズの前側焦点位置に物体を，後側焦点位置にホログラムをおけば，その物体光はフラウンホーファ回折と同様になる．レンズをはさんで両側の焦点に結像する現象はフーリエ変換で計算でき，**レンズのフーリエ変換作用**という．そこで，図 1.14 のホログラムは**フーリエ変換ホログラム**とも呼ばれる．詳しくは 3 章で解説する．図 1.14(b) は再生の様子である．記録時と同様にレンズをおく．

一方，物体をホログラム近傍において撮影されたホログラムを**イメージホログラム**と呼ぶ．物体がある大きさをもつ場合，実際にホログラム近傍におくことは難しい．そこで，例えば，**図 1.15** のようにレンズ（焦点距離 f）を使って物体をホログラム近傍に結像し，その光波と参照光を干渉させること

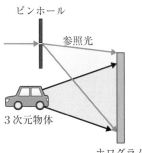

図 1.16 レンズレスフーリエ変換ホログラム

でイメージホログラムを撮影する[1]．イメージホログラムをコンピュータで扱う場合，計算が高速になるので，その他の手法と合わせて，2 章でもう少し詳しい解説をする．

その他の分類方法として，機能を基準にする場合がある．一例として，レンズを用いないホログラムを紹介する．図 1.14 でレンズを用いるホログラムとしてフーリエ変換ホログラムを紹介した．それに対して，レンズを用いない**レンズレスフーリエ変換ホログラム**という手法も開発されている．**図 1.16** のように，参照光は微小な穴の空いたピンホールを通して球面波として扱う．ピンホールと物体をホログラムから等距離に配置することで，レンズレスでフーリエホログラムを撮影できる．レンズには収差があり，画質に影響する．レンズをホログラムに置き換えた応用例として，5 章でホログラフィックプロジェクタを解説する．

---

[1] 図 1.15 で $2f$ の位置に物体とホログラムをおくのは，物体の倍率を変えずにホログラム上に結像させるためである．

STORY 1　ホログラフィの歴史

　今日，ホログラフィといえば立体写真の代名詞になっている．メガネなどの特殊な装置を必要とせず，3 次元情報をそのまま記録・再生できる技術であり，究極の立体映像技術といわれる．しかし，ホログラフィは，もともとは 3 次元映像のためではなく，電子顕微鏡の精度を上げる目的で発明されたものだった．

　顕微鏡が発明されたのは 16 世紀である．微小な世界は人類に新たな視点を与え，より小さな世界へと改良が加えられていった．ところが，どう改良しても 200 nm (2×10^{-7} m) 以下のものは見えてこなかった．19 世紀になって，（光の）波長よりも小さいものは見えないことが理論的に示された．

　その状況が 20 世紀に入ると一変する．量子力学が誕生し，1924 年，電子が光と同じように波として振る舞うことが明らかにされたからである．電子の波長は 1 Å (10^{-10} m) なので，電子を利用すれば，原子さえも見えるはずである．1931 年には最初の電子顕微鏡が作られた．それまで誰も見たことのないウイルスなどが姿を現し，その威力に人々は驚嘆した．

　しかし，限界は早々に訪れた．電子顕微鏡では，（通常の）光学レンズと同じような作用をする電子レンズを用いる．ただし，電子レンズには凸レンズしかなく，凹レンズは存在しない．レンズにはボケや歪みなどが生じる収差があり，これを取り除く必要がある．光学系では，凸レンズと凹レンズを巧みに組み合わせて取り除いている．カメラのレンズが，素人から見ると，必要以上に複雑なのはそのためである．ところが，この手法が電子顕微鏡では使えない．

　さまざまな取り組みが発表される中で，群を抜いてユニークだったのがガボール (D. Gabor; 1900–1979) の考案したホログラフィであった．ものを見るということは，物理的には，ものから発せられる散乱光をレンズ系で結像させることである．ホログラフィでは，この過程を 2 段階に分ける．最初に電子線の散乱波を収差も含めてフィルムに記録する．次に，これに光を当てて結像させる．光学手法に持ち込めば，凹レンズが使え，収差を消すことが可能になる．

　見事な解決法であった．ところが，ホログラフィでは波面がそろった電子線や光が必要であり，当時の技術では実用に至らず，忘れ去られる．

　十余年の沈黙のあと，1960 年にレーザーが発明されると，ホログラフィは突如，爆発的な進展を遂げる．レーザーは波面のそろった光線を発する技術である．

日本でホログラフィの研究が始まったのもこの頃である．『日本のホログラフィーの発展』（日本のホログラフィーの歴史編集委員会（編），アドコム・メディア，2010）には，黎明期の研究紹介の中に次の記述がある．

「1968年には，国内でもかなりのホログラフィー研究が行われるようになった（中略）この中で，特に注目されるのが外村らの電子線ホログラフィーの研究である」「ガボールが提案した方法による電子顕微鏡の収差補正に成功し…」

　ホログラフィの当初の目的が世界で初めて実現されたのは日本の研究者によってであったことが明記されている．ホログラフィの研究分野では，日本の研究者も多く活躍していることをはじめに記しておきたい．例えば，1983年にSPIE（国際光工学会）で創設されたデニス・ガボール賞がある．ホログラフィの関連分野で業績のあった研究者に贈られ，日本からは，朝倉利光（1998年），山口一郎（2007年），武田光夫（2010年），伊東一良（2015年），谷田貝豊彦（2017年）が受賞している．

　ホログラフィは当初，電子顕微鏡の精度を向上させるための計測技術として開発された．その後，レーザーの発明とともに，映像技術へと展開する．感光材料を用いた3次元映像技術が隆盛し，ホログラフィの理論的な体系は1980年頃までに成熟の域に達した．そして，1990年以降，コンピュータとの融合技術として新たなフェーズに移っていく．

　ホログラフィの歴史は，「電子顕微鏡とホログラフィ」「レーザーとホログラフィ」「コンピュータとホログラフィ」の三つに分けて概観できる．本書では10のトピックスを「STORY」として用意した．本編では詳述できなかったコンピュータホログラフィまでの道のりを中心に紹介したい．

STORY 2　電子顕微鏡

　顕微鏡は，1590年にヤンセン親子（H. Jansen, S. Janssen）によって発明された．特に細菌学への寄与は絶大で，感染症に対する大きな武器となった．よりミクロな世界を探求するために改良が続けられていったが，次第に，いくら改良を加えても，性能は上がらなくなっていった．1876年，アッベ（E. Abbe; 1840–1905）は，識別できる2点間の距離（分解能）は観察に用いる光の波長で決まることを明らかにした．可視光の場合，最大分解能は，およそ200 nmと求まる．光学顕微鏡の限界が示されたことによって，その後の顕微鏡開発は大きく二つの学派に分かれる．

　一つは，光源はそのままであるが，他の手法を利用することで分解能を限界以上に高めようとする試みである．代表例として，限外顕微鏡（暗視野顕微鏡）と位相差顕微鏡がある．暗闇の中で強い光を放つと見えなかった空中のほこりが散乱光で見えてくる．同様な原理にもとづいて，1903年に限外顕微鏡が開発され，溶液中のコロイドの研究を進めたジグモンディ（R.A. Zsigmondy; 1865–1929）は，1925年にノーベル化学賞を受賞した．ゼルニケ（F. Zernike; 1888–1966）は光の位相差を利用してコントラストを高めた位相差顕微鏡を1935年に開発し，1953年にノーベル物理学賞を受賞した．

　顕微鏡を向上させようとするもう一つの学派は，波長の短い光源を求めた．例えば，紫外線を用いれば，分解能は2倍の100 nmにまで向上する．また，1895年にはレントゲン（W.C. Röntgen; 1845–1923）によってX線が発見された．X線の波長は0.1 nm程度であるので，分解能は1,000倍向上する．しかし，紫外線もX線も取り扱いが難しく，当時の技術では顕微鏡に取り入れることは困難であった．そこに登場したのが電子顕微鏡である．

　電子は1897年にトムソン（J.J. Thomson; 1856–1940）によって発見された．しかし，電子は粒子である．ところが，1905年に，波だと思われていた光が粒子の性質をもつという光電効果をアインシュタイン（A. Einstein; 1879–1955）が発表すると，それに刺激を受けたド・ブロイ（L. de Broglie; 1892–1987）は，1924年，逆に電子のような微小粒子は波動性をもつことを提唱した．ド・ブロイの理論から電子の波長は加速電圧に反比例することがわかり，150 Vで1 Å，100 KVで0.04 Å，1 MVで0.01 Åとなる．理論的には，光学顕微鏡に比べて1万倍以上の分解能になり，大きさ1 Å程度の原子さえも見ることが可能

になる.

　もう1点,電子顕微鏡の開発にとって重要だったのは,電子線のレンズ作用である.実は,電子が発見される前から,電子の流れる電子線は陰極線として研究され続けていた.電子が発見された1897年には,後にテレビなどで多用されることになる陰極線管(ブラウン管)をブラウン(K.F. Braun; 1850–1918)が発明している.電子線が波動性を示す散乱や回折現象さえも,ド・ブロイの理論が出る前の1922年にデヴィソン(C.J. Davisson; 1881–1958)らによって発見されている.そして1926年に,ブッシュ(H. Busch; 1884–1973)は,電子線が磁界によって凸レンズと同様の振る舞いをすることを見出した.電子線が光と同じようにレンズ作用を受けるということは,電子による顕微鏡を作ることができることを意味し,電子による顕微鏡の分解能は光学顕微鏡を凌駕するものと期待された.

　ベルリン工科大学において,クノール(M. Knoll; 1897–1969)の指導のもとで,ルスカ(E. Ruska; 1906–1988)は電子顕微鏡の研究に取り組み,1931年に最初の開発に成功した.

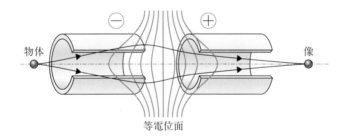

電子レンズ

Introduciton to Holography

第2章 電子ホログラフィと3次元映像

　3次元物体をそのまま記録・再生できるホログラフィは，究極の3次元映像技術といわれている．そのため，ホログラフィをリアルタイムで電子的に処理できれば，究極の立体テレビを作ることができると期待されている．このような技術は電子ホログラフィと呼ばれ，1990年頃に行われた動画ホログラフィのデモンストレーションを契機に研究が盛んになってきている．ただし，20年以上を経た現在でも実用化に至っていない夢の技術の一つである．本章では，ホログラフィによる究極の3次元映像をめざすための問題点と試みられている技術を紹介する．

2.1　現状と課題

　図2.1のように**ホログラフィックテレビジョン**の構成を三つに分けると，それぞれに大きな課題がある．
　1章で示したように，ホログラフィは光の干渉現象を利用して3次元像を記録し，回折現象によって3次元像を出力する．そのため，ホログラムの記録（撮像）は暗室で行われる．テレビジョンシステムを実現するためには，撮影を自然光下で行えるようにする必要がある．これが入力部の課題である．
　近年，ホログラフィとは関係なく，3次元再構成技法は大きく進展している．一度コンピュータ内に3次元像が再構成されれば，あとは**電子ホログラフィ**技術で出力していくことになる．そういう意味では，入力部の本質的な課題は，3次元再構成の画質を向上させること，およびリアルタイム処理が可能なくらいまでに高速化することになる．
　一方，光の回折現象を利用する出力部の課題は視域（再生像が見える範囲）の拡大である．ホログラムに参照光を照射すると，干渉縞によって回折を起こす．0次光は直進する直接光であり，物体光は1次回折光として観測される．そのため，像が見える範囲である視域は回折角によって決まってくる．

図2.1　ホログラフィックテレビジョンの構成

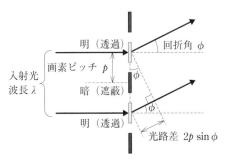

図 2.2 表示デバイスの画素ピッチ（間隔） p と回折角 ϕ の関係

　電子ホログラフィで，ホログラムを表示するデバイスの画素は，液晶ディスプレイ（LCD）をはじめ，一般に，等間隔 p で並んでいる．したがって，最も狭い干渉縞の間隔は，画素が明暗明と並んだときであり，その幅は $2p$ になる．その様子を**図 2.2** に示す．図中の画素ピッチとは，隣接する画素の間隔のことである．

　光は狭いスリットを通ると広がる．左から入射された波長 λ の光は，明（透過）のところでは点光源の集合と見なすことができる．二つのスリットから出てくる点光源の集合は，位相が同じであれば強め合う．その条件は光路差が波長（の倍数）と同じになるところである．直進する方向を基準として角度を大きくしていき，最初に光路差が波長と同じになる角度 ϕ が 1 次の回折角である．回折光は，図 2.2 において，下方向にも同様に広がるので，再生像の**視域角**[1] θ は 2ϕ になる．以上より，(2.1) 式が得られる．

$$2p\sin(\theta/2) = \lambda \quad (2.1)$$

　可視光の波長は 400〜700 nm なので，例えば λ = 600 nm で (2.1) 式をグラフにすると**図 2.3** のようになる（横軸は画素ピッチを対数目盛で表示している）．

　光学的にホログラムを作る場合は高精細なフィルムが使われる．画素ピッチに相当する感光材料の分解能は 0.1〜1 μm である．したがって視域角は 30°以上あり，十分な視域が確保できる．「STORY6」にあるように，静止画においては素晴らしいホログラム作品がいくつも作られている．

　しかし，動画の場合はホログラムを逐次更新しなければならない．データを制御でき，しかもこれほど高精細な表示デバイスは今のところ存在しない．ただし，表示デバイスの高精細化は着実に進んでいる．LCD でいえば，動画

---

[1] 観察者が顔を動かしたときに再生像の見える範囲を**視域**といい，視域の角度を視域角という．

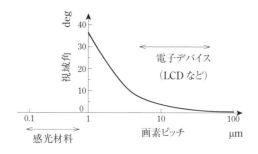

図 2.3 表示デバイスの画素ピッチと視域角の関係

図 2.4 画素ピッチ 36 μm の LCD を用いたホログラフィ再生例

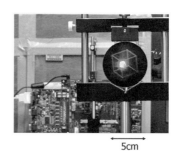

図 2.5 画素ピッチ 10 μm の LCD を用いたホログラフィ再生例

ホログラフィの研究が本格化した 1990 年代では,画素ピッチは 30 μm 程度だった.回折角は 1° 程度であり,目視することが困難な状況にあった.現在は 5 μm ピッチの高精細な LCD も安価に市販されており,回折角は 5° 程度に広がっている.通常の実験室で容易に視認できる段階にある.

図 2.4 は,画素ピッチ 36 μm(解像度 1,024×768)の LCD を用いて立方体のホログラムを再生した様子である.**図 2.5**(口絵 4 ページ参照)は,画素ピッチ 10 μm(解像度 1,408×1,050)の LCD を用いて,同様に再生させた様子である.どちらも,ホログラムから 1 m 離れた所に結像するように設定して観察した.図 2.4 は暗室で目をピンポイントに合わせることでようやく視認できるのに対して,図 2.5 は室内照明光下でも容易に観察できる.な

図2.6 マルチプレックスホログラムの例(腰骨)

[酒井朋子氏所蔵]

お，図2.5で，レンズの中心に明るく見えているのは参照光源の直接光である．ここではレーザーではなく，安全な発光ダイオード(LED)を使用している．

表示デバイスでもう一つ期待される機能は，自由に曲面を作ることが可能なフレキシブル性である．実際に有機EL (electroluminescence) などで実現しており，実用化に向けた研究も進んでいる．**図2.6**(口絵3ページ参照)は，光学フィルムを円筒状にしたマルチプレックスと呼ばれる円筒型のホログラムである．全周で観察可能であり，3次元像再生が可能なホログラムの利点が活かされている．将来のホログラフィックテレビジョンでも，3次元映像を活かすためには，円筒，半球，球面などの形状が望まれる．全周を同時に見ることができれば，例えば，医療(病理)診断においても有用なツールになり得る．

電子ホログラフィでは高精細な表示デバイスが望まれ，将来的には実現する可能性がある．ところが，理想的な表示デバイスは計算負荷の増大をもたらす．例えば，$1\,\mu m$ ピッチで $1\,m \times 1\,m$ のLCDが開発された場合，解像度は $100万 \times 100万 = 1$ 兆画素になる．現在の高画質8Kディスプレイが $8,000 \times 4,000 = 3,200$ 万画素なので，実に10万倍の違いがある．これだけ膨大な数の画素をリアルタイムで駆動する技術は存在しない．これが計算部の課題である．ホログラフィの情報量は膨大であり，電子ホログラフィシステムの実用化を困難にしている最大の要因である．

電子ホログラフィの課題をまとめると以下のようになる．

1. 入力部
   - 3次元再構成技術の高精度化・高速化
   - 自然光下での撮像手法の開発

2. 計算部
　　・ホログラム作成の高速化
3. 出力部
　　・高精細表示デバイスの開発
　　・フレキシブル表示デバイスの開発

本書の中心はホログラム生成に関するものであり，本章では2.について詳述する．1.と3.はホログラフィに限った話ではないので，詳しくは専門の教科書などを参照されたい．

2.2 計算機合成ホログラム（CGH）

ホログラムはコヒーレントな（干渉性の高い）レーザー光を用いて作製されるが，光波伝搬をコンピュータ上でシミュレーションして作ることも可能である．これを**計算機合成ホログラム**という．英語では "computer-generated hologram" であり，頭文字をとって **CGH** と略称される．CGH を利用して電子的に3次元再生を行う技術が**電子ホログラフィ**である．

まず，大まかな手順を示す．コンピュータ内に3次元座標データをもった物体が用意されているとする．例えば，複数のカメラでキャプチャされて3次元再構成されたものや CT（computerized tomography）で外部から取り込まれたデータ，数値シミュレーションから得られたものやデザイナーがソフトウェアを使って作成したものなど，現在のコンピュータグラフィックスでは，多くの用途で3次元情報を扱っている．これらを3次元のまま投影できれば，それぞれの分野で大きな飛躍が期待される．

ここではポットの3次元画像を例示する（**図2.7** 左）．これを専用の計算式によってホログラムに変換する（図2.7中央）．このホログラムを高精細LCDなどに表示して単色光を照射すると，空中に元の3次元像が再生される（図2.7右）．これが電子ホログラフィの基本的なデータ処理手順である．

3Dグラフィックス　　　　　ホログラム　　　　　3次元再生像

図 2.7　電子ホログラフィの再生手順

本章では，3次元物体を**点群**（点光源の集まり：点光源モデル）で表す場合のCGHについて解説する．近年では，3次元物体を面（ポリゴンの集まり：ポリゴンモデル）で表した場合のCGHも作成されるようになってきた[1]．ポリゴン法では，波面伝搬を非平行平面間で行う．入門の範囲を超えるので本書では取り扱わないが，余力のある読者は文献[1]などを参照されたい．

2.2.1 1点のCGH

まず，点光源が1点（物体点数が1）だけのホログラムを解説する．単純ではあるが，CGHを理解するうえでは重要である．最も計算が楽な条件として，**図2.8**のように，参照光を平行光とし，ホログラムに垂直に入射するように設定する．物体点（点光源）は，ホログラム中心から，奥行き方向にz_0だけ離れた位置におく．

点光源は(1.10)式で示したとおり，$\frac{A}{r}\exp(i(kr+\phi))$と表される．計算を簡単にするために，定数である点光源の振幅Aと初期位相ϕをそれぞれ1と0に設定すると，物体光は$\frac{1}{r}\exp(ikr)$と記述される．参照光は1.3.2節と同様に1とおく．

これはインラインホログラムであり，(1.16)式より，ホログラム面上における光波の分布は(2.2)式で求められる．距離rは(2.3)式のとおりである．

$$|O(x,y)+R(x,y)|^2 = \left|\frac{1}{r}\exp(ikr)+1\right|^2$$
$$= \frac{1}{r^2}+1+\frac{1}{r}\exp(ikr)+\frac{1}{r}\exp(-ikr) \quad (2.2)$$

$$r = \sqrt{x^2+y^2+z_0^2} \quad (2.3)$$

(2.2)式において，第3項が点光源の波面と同じ形になっており，ホログ

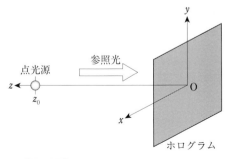

図2.8 1点のホログラム生成モデル

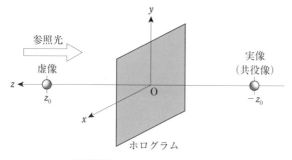

図 2.9 虚像と実像（共役像）

ラムに参照光を照射したときに元の物体点を見ているのと同じ効果を生み出す．このときに見える像を**虚像**という．第 4 項は第 3 項の複素共役となっている．第 4 項によって，**図 2.9** のように，虚像成分と反対位置に**共役像（実像）** を結像する．虚像と実像については 2.3.2 節で解説する．

(2.2) 式の第 1 項と第 2 項は，それぞれ物体光と参照光の直接光であり，3 次元再生に寄与しないので，CGH の計算処理では不要である．第 1 項と第 2 項を外すと，(2.4) 式の結果が得られる．

$$\frac{1}{r}\exp(ikr) + \frac{1}{r}\exp(-ikr) = \frac{2}{r}\cos(kr) \tag{2.4}$$

(2.4) 式をホログラム面上で計算して記録したものが**振幅ホログラム**である．(2.4) 式の結果は実数であるので，直接表示デバイスに表示でき，取り扱いが容易である．ただし，本来は必要のない共役光も含まれ，ノイズの一因にもなる．

なお，(2.4) 式の係数 2 は全体にかかるだけで本質的な意味はない．実際に計算する際には不要であり，(2.5) 式を使えばよい．

$$\frac{1}{r}\cos(kr) \tag{2.5}$$

(2.5) 式を計算して描画すると，**図 2.10** のような**ゾーンプレート**を形成する．ここでは白黒の 2 値で描画している．2 値で描画している意味については 2.3.3 節で述べる．

ゾーンプレートは平行光を 1 点に集光することから，レンズと同様の働きがある．ホログラフィが発明される前から知られている技術で，写真などで利用されている．平行光から空間に 1 点を再生することは，平行光を集光させることと等価なので，1 点のホログラムがゾーンプレートになることは物

図 2.10 ゾーンプレート

理的に自然なことである.

2.2.2 計算領域

ゾーンプレートの干渉縞の間隔は外側ほど狭くなる. (2.5) 式に $k = \frac{2\pi}{\lambda}$ を代入して書き直すと (2.6) 式になる.

$$\frac{1}{r}\cos(kr) = \frac{1}{r}\cos(2\pi\frac{r}{\lambda}) \tag{2.6}$$

cos 関数は 2π の周期をもつことから,干渉縞の間隔(明暗)は (2.7) 式で決まる.

$$\frac{r}{\lambda} = \frac{1}{2}n \quad (n：正の整数) \tag{2.7}$$

(2.7) 式は,距離 r が $\frac{\lambda}{2}$ 増えるごとに干渉縞が形成されていくことを示している. r の増分はホログラム面上の外側にいくほど急になり,図 2.10 のように干渉縞の間隔は狭くなっていく.干渉縞の間隔が表示デバイスの画素ピッチよりも細かくなると意味をもたずに誤差となるので,ここから CGH の計算領域が決まってくる.

ゾーンプレートは同心円の集まりであるから,x 軸上 $(y = 0)$ で干渉縞の間隔 Δx を計算してみよう. (2.7) 式より,(2.8) 式が得られる.

$$\frac{\sqrt{(x+\Delta x)^2 + z_0^2}}{\lambda} - \frac{\sqrt{x^2 + z_0^2}}{\lambda} = \frac{1}{2} \tag{2.8}$$

ここで $z_0 \gg x$ として,平方根を**テイラー展開**すると,$(\Delta x)^2$ 以降の高次の項を無視でき,(2.9) 式が得られる [2]. テイラー展開の 1 次までの項をとる近似は**線形近似**と呼ばれ,いろいろなところで使われる.

---

[2] $\sqrt{1+a} \approx 1 + \frac{1}{2}a - \frac{1}{8}a^2 + \cdots$. この式は**二項展開**とも呼ばれる.

$$\begin{aligned}
&\sqrt{(x+\Delta x)^2 + z_0^2} - \sqrt{x^2 + z_0^2} \\
&= z_0 \left(1 + \left(\frac{x+\Delta x}{z_0}\right)^2\right)^{\frac{1}{2}} - z_0 \left(1 + \left(\frac{x}{z_0}\right)^2\right)^{\frac{1}{2}} \\
&\approx z_0 \left(1 + \frac{1}{2}\left(\frac{x+\Delta x}{z_0}\right)^2\right) - z_0 \left(1 + \frac{1}{2}\left(\frac{x}{z_0}\right)^2\right) \approx \frac{x \Delta x}{z_0}
\end{aligned} \quad (2.9)$$

この結果を (2.8) 式に代入すると，(2.10) 式または (2.11) 式が得られる．

$$\Delta x = \frac{\lambda z_0}{2x} \quad (2.10)$$

$$x = \frac{\lambda z_0}{2\Delta x} \quad (2.11)$$

(2.10) 式から，干渉縞の間隔 Δx は x が大きくなる（外側に行く）ほど小さくなることがわかる．また，表示デバイスの画素ピッチを p とおき，(2.11) 式で Δx に代入すると，計算すべき最大の x（ゾーンプレートの半径），つまり計算領域 $x_{\max}$ が決まる．

$$x_{\max} = \frac{\lambda z_0}{2p} \quad (2.12)$$

(2.12) 式は，画素ピッチと計算領域が反比例していることを示している．画素ピッチが大きければ計算領域は小さくなり，小さければ大きくなる．現在の電子表示デバイスの画素ピッチは，ホログラムを表現するには十分ではなく，計算領域も小さい．一例として，波長 $\lambda = 500\,\mathrm{nm}$（可視光領域），画素ピッチ $p = 10\,\mathrm{\mu m}$，ホログラムからの距離 $z_0 = 0.1\,\mathrm{m}$ を代入すると，ゾーンプレートの最大半径は $2.5\,\mathrm{mm}$ となる．

(2.12) 式は，ホログラム面上の計算領域が z_0（奥行き距離）に比例していることも示している．点光源の位置がホログラムに近ければ計算領域は小さくなり，遠ければ大きくなる．ホログラムに近い点の計算領域が小さいという特徴は計算負荷の軽減をもたらす．この性質を利用した高速計算手法として，イメージホログラムの CGH や波面記録法などが提案されている．これらの概略については，2.4.5 節で紹介する．

ここまで $z_0 \gg x$ を仮定してきたが，z_0 をホログラム面に近づけて近似が成り立たない場合はどうするかが気になる読者もいるかもしれない．しかし，現状では表示デバイスの画素ピッチが粗いため考慮する必要はない．例えば，(2.11) 式に $\lambda = 500\,\mathrm{nm}$，$\Delta x$ として $p = 10\,\mathrm{\mu m}$ を代入すると，

$x = 2.5 \times 10^{-2} z_0$ になる．$z_0 = 0.5\,\text{mm}$ を代入すると $x = 12.5\,\mu\text{m}$ となって，計算領域にはほとんど画素がない状況になることがわかる．つまり，それ以上近づけても干渉縞を形成できないので，意味をなさなくなる．

2.2.3 計算精度とフレネル近似

コンピュータの発展とともに，数値シミュレーションは，「理論」「実験」と並んで，第3の研究手法といわれるようになった．ただし，数値シミュレーションの専門家でも，数値計算特有の問題に無頓着な場合が少なくない．前節で述べた計算領域もプログラミングにおける注意点の一つである．CGHでは，計算精度についても確認しておいたほうがよい．

プログラミングにおける**単精度**（C言語では float 型）の有効数字は7桁程度である．単精度32ビットの内訳は，通常用いられている IEEE754 規格では，符号1ビット，指数部8ビット，仮数部23ビットになっている．この中で計算精度を決めているのは仮数部である．$2^{23} \approx 10^7$ なので，10進数で7桁程度の計算精度と見積もることができる．つまり，単精度では 10^7 倍違う数値同士の演算も可能である．

倍精度（C言語では double 型）の有効数字は15桁程度である．倍精度64ビットの内訳は，IEEE754 規格では，符号1ビット，指数部11ビット，仮数部52ビットであり，$2^{52} \approx 10^{15}$ である．10^{15} 倍違う数値同士の演算も可能となる．

10^7 倍は1千万倍，10^{15} 倍は1千兆倍なので，途方もない領域をカバーしているように思われる．ところが，自然はもっと奥深く，注意しないとシミュレーションの結果が大きく間違ってしまうこともしばしば起こる．

CGH の場合は (2.3) 式に注意が必要である．例えば，画素ピッチを $10\,\mu\text{m}$ とすると，x および y に対しては，$10\,\mu\text{m}$ 程度の数値を扱う必要がある．$z_0 = 0.1\,\text{m}$ とすると，(2.3) 式の平方根の中では，単位を m にそろえて，

$$(10^{-5})^2 + (10^{-5})^2 + (10^{-1})^2 = 10^{-10} + 10^{-10} + 10^{-2} \tag{2.13}$$

という桁数の演算も行われる．x, y 成分と z 成分では 10^8 倍の差があり，単精度の計算では x, y 成分で**情報落ち**（数値が 0 として扱われる）の誤差が生じて，計算できない．

将来のホログラフィックテレビジョンでは，$0.1\,\mu\text{m}$ 程度の画素ピッチが望まれる．奥行き（z 成分）を $1\,\text{m}$ とすると，x, y 成分と z 成分の差は 10^7 倍で，2乗すると 10^{14} 倍になる．倍精度でもあやしくなってくる．

ただし，大きさが違う数値を扱う場合，近似して解決できることも多い．こ

こでは，CGH でよく用いられるフレネル近似を解説する．

　ホログラムは物体光の"波面"を記録する技術である．物体の表面（点光源そのもの）を基準（始点）にする必要はない．点光源から発せられる波面は球面となって進む．点光源を記録するためには，点光源の代わりに球面波を記録してもよい．そこで，**図 2.11** のような半径 z_0 の球面波を記録することを考えてみる．そうすると，(2.3) 式が (2.14) 式に変わる．

$$r=\sqrt{x^2+y^2+z_0^2}-z_0 \tag{2.14}$$

ここでは $z_0 \gg x, y$ の場合を考えているので，(2.7) 式と同様にテイラー展開の 1 次までの項をとると，(2.14) 式の平方根は (2.15) 式のように近似できる．

$$\begin{aligned}\sqrt{x^2+y^2+z_0^2}&=z_0\left(1+\left(\frac{x^2+y^2}{z_0^2}\right)\right)^{\frac{1}{2}}\approx z_0\left(1+\frac{1}{2}\left(\frac{x^2+y^2}{z_0^2}\right)\right)\\&=z_0+\frac{x^2+y^2}{2z_0}\end{aligned} \tag{2.15}$$

(2.15) 式を (2.14) 式に代入すると，(2.16) 式が得られる．

$$r=\frac{x^2+y^2}{2z_0} \tag{2.16}$$

(2.16) 式では，有効桁数は x と y で決まり，(2.3) 式で生じていた x, y 成分と z 成分の大きさの違いに起因する誤差が除かれている．これを**フレネル近似**という．さらに，$z_0 \gg x, y$ から，(2.6) 式の $\frac{1}{r}$ を $\frac{1}{z_0}$ で近似し，定数として省略すると，計算する式は (2.17) 式になる．

$$\cos\left(2\pi\left(\frac{x^2+y^2}{2\lambda z_0}\right)\right) \tag{2.17}$$

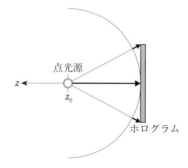

図 2.11　点光源（球面波）の半径 z_0 の波面

(2.17) 式は (2.6) 式に比べて除算 $\frac{1}{r}$ と平方根の演算がなくなっている．その分，演算コストは減少し，計算の高速化につながる．また，ここでは波数 k ではなく，波長 λ で記述した．2π を約分せずに残したのは，cos 関数が 2π の周期性をもっていることを明示するためである．このことは，$\frac{x^2+y^2}{2\lambda z_0}$ の整数部は無視でき，小数部だけを扱えばよいことを意味している．有効桁数が増え，計算精度を高く保つことができる．周期関数を扱う際のテクニックとして活用されたい．

2.2.4 複数点の CGH

点光源モデルでは，複数の点からなる物体（点群）のホログラムは，**図 2.12** のように，点ごとに生成するゾーンプレートの重ね合わせで求めることができる．例えば，図 2.7（右）のポットは 5,000 点で構成されている．それぞれが作り出す 5,000 枚のゾーンプレートを重ね合わせる（足し合わせる）ことで 1 枚のホログラムを作り出している．このホログラムに参照光を照射すると，ポットが再生される．

ここで，計算手順を示しておこう．基本的な例として，各物体点の計算領域は表示デバイス（ホログラム）より大きいとする．2.2.2 節で，電子ホログラフィでは画素ピッチが粗いために計算領域が小さいことを述べた．しかし，表示デバイスのサイズも数 cm^2 程度と小さいのが現状である．例えば，画素ピッチ 10 μm で解像度 1,920×1,080 の LCD パネルのサイズは 2 cm×1 cm でしかない．したがって，3 次元物体がホログラムから十分（数 10 cm 程度以上）離れると，ほとんどの点の計算領域がホログラム面全体になる．

物体点数を N_{obj}，ホログラムの画素数を $N_{\text{hol}} = N_x \times N_y$ とすると，ホログラム面上の各画素値 $I(x_\alpha, y_\alpha)$ はプログラム 1 のように計算できる．ここで着目すべき点は，電子ホログラフィの場合，表示デバイスに LCD などを用いるので，ホログラム面上の点が画素ピッチ p で等間隔に並んでいるこ

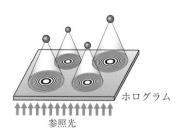

図 2.12 複数点で構成される物体のホログラム

とである．つまり，p で規格化して，$x_\alpha = pX_\alpha$，$y_\alpha = pY_\alpha$ と置き換えることができる．X_α と Y_α は整数（インデックス）である．

プログラムの構造は次のようになる．

【プログラム 1】

1. （前処理）物体点データ (x_j, y_j, z_j) の読み込みなど

2. （CGH 計算）各物体点からの光伝搬を計算して，ホログラム面上の各点で重ね合わせる

リスト 2.1
```
for(j = 0; j< N_obj; j++)
    for(Y_α =0; Y_α <N_y; Y_α ++)
        for(X_α =0; X_α <N_x; X_α ++)
            r=√((pX_α − x_j)² + (pY_α − y_j)² + z_j²) ;
            I_tmp = (1/r) cos(kr) ;
            I(X_α,Y_α) = I(X_α,Y_α)+I_tmp ;
```

3. （後処理）表示デバイスに合わせて $I(X_\alpha, Y_\alpha)$ を階調化，表示など

2. の CGH 計算では (2.5) 式を用いた．計算式は，フレネル近似式など，実際に使うものに書き換えて使えばよい．重要なことは，プログラムの構造から，計算量が $N_{obj} \times N_{hol}$（$N_{obj} \times N_x \times N_y$）になることである．これはホログラム生成の計算量が膨大になることを示している．

2.1 節で，ホログラムの表示には高精細な表示デバイスが必要で解像度が膨大になるという課題を示した．正確にいえば，その膨大な解像度に，さらに物体点数をかけた演算量が必要になる．例えば，200 万画素（1,920×1,080）の表示デバイスを用いて，1 万点で構成される物体のホログラムを作る場合，200 億に比例する演算量が必要になる．今日のパソコンは通常業務で使うには十分すぎるほど速くなってはいるが，電子ホログラフィにおいてはまだ不十分で，この程度の（小さなサイズの）CGH でも 1 枚あたりの作成時間は秒単位を要する．動画化に必要な 15～60 **fps**（frame per second：1 秒あたりの描画枚数）のビデオレートを実現することは困難な状況にある．将来の実用化に向けて，計算高速化が大きな課題となっている理由である．

上記の計算アルゴリズムは，物体の各点が作るゾーンプレートを重ね合わせて CGH を作成するという見方で構成されている．一方で，**図 2.13** のよ

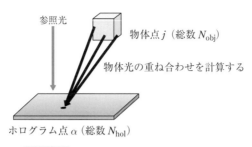

図 2.13 ホログラム面上の画素ごとに計算

うに，物体の各点からの放射光をホログラム面上の1点で重ね合わせることを繰り返しても，同じホログラムが作成できる．

プログラムの構造は次のようになる．

【プログラム 2】

1. （前処理）物体点データ (x_j, y_j, z_j) の読み込みなど

2. （CGH 計算）各物体点からの光伝搬を計算して，ホログラム面上の各点で重ね合わせる

リスト 2.2

```
for(Yα =0; Yα < Ny; Yα ++)
    for(Xα =0; Xα < Nx; Xα ++)
        for(j=0; j< Nobj; j++)
```
$$r=\sqrt{(pX_\alpha - x_j)^2 + (pY_\alpha - y_j)^2 + z_j^2} \ ;$$
$$I_{\text{tmp}} = \tfrac{1}{r}\cos(kr) \ ;$$
$$I(X_\alpha, Y_\alpha) = I(X_\alpha, Y_\alpha) + I_{\text{tmp}} \ ;$$

3. （後処理）表示デバイスに合わせて $I(X_\alpha, Y_\alpha)$ を階調化，表示など

プログラム1とプログラム2の違いは，2.のCGH計算における繰り返し文（for文）の順序だけである．一つの計算ユニット（例えばCPU：central processing unit）で計算する場合には大きな差はない．ところが並列計算を行おうとすると，プログラム2のほうが考えやすく，有利である．これは，ホログラム面上のある1点の値を決める手順による．プログラム1では3重ループの最後の繰り返し計算になって $I(x_\alpha, y_\alpha)$ が確定するのに対して，プログラム2では最初のループが終了した時点で $I(x_\alpha, y_\alpha)$ が求まる．

近年，**GPU**（graphics processing unit）による高速計算が急速に発展している．CGH 計算は GPU に大変よく適合し，CPU 単独で計算した場合に比べて 100 倍を超える高速化も記録している．今日の GPU は内蔵している計算コア（ユニット）が 1,000 個を超えてきており，大規模並列計算を行うことができる．そこで，プログラム 2 の最初ループ（**リスト 2.3**）を，ホログラム面上の位置 (x_α, y_α) を変えて同時に計算させる．計算コアが 1,000 個あれば，一度に 1,000 画素分の CGH 計算を行うことができる．

リスト 2.3

```
for(j=0; j< N_obj; j++)
    r=√((pX_α − x_j)² + (pY_α − y_j)² + z_j²) ;
    I_tmp = (1/r) cos(kr) ;
    I(X_α,Y_α) = I(X_α,Y_α)+I_tmp ;
```

プログラム 1 をそのまま並列化すると，物体点ごとに分割して同時計算させることになる．そのためには，各計算コアが N_{hol}（ホログラムの画素数）に比例する容量のメモリをもつ必要がある．フル HD（2K）で 200 万画素，4K，8K ディスプレイではそれ以上になる．各計算コアにローカルメモリとして 10 MB 規模を用意することは，現段階の計算機環境では難しい．

プログラム 2 を用いた並列化においても，各計算コアは N_{obj}（物体点数）に比例する容量のメモリをもつ必要がある．ところが，N_{obj} は N_{hol} に比較してずっと小さい．ホログラフィは冗長性の高い記録方式である．N_{obj} を記録するためには，N_{obj} よりも十分大きな N_{hol} が必要である．現状では，N_{obj} は大きくても 10 万程度である．各計算コアは 100 KB 程度のローカルメモリをもてばよく，現状でも実現している．

同じものを計算するプログラムでも，記述の仕方が少し変わるだけで性能が大きく変わる場合がある．状況に応じて工夫されたい．

2.3 電子ホログラフィシステム

実用化には至っていなくても，実験室レベルの小さな規模であれば，動画の電子ホログラフィは可能である．つまり，研究を進展させる環境は整っている．本節では，電子ホログラフィを投影するシステムについて解説する．

電子ホログラフィの再生手順は図 2.7 で示したとおりである．ホログラムは干渉縞であり，干渉縞を通過した光は変調する．つまり，状態（振幅およ

び位相）が変化する．そのため，ホログラムを記録する媒体は**空間光変調器**（spatial light modulator）と呼ばれ，頭文字をとって **SLM** と略称される．

状態の変化は干渉縞で回折された光に生じる．回折は波の性質であり，光を波として扱うためには波長程度の高精細な回折格子（干渉縞の分解能）が必要である．3次元映像を投影するためには可視光を回折する必要がある．可視光の波長は 400〜700 nm であるので，同程度の分解能で干渉縞を表示させる表示デバイスが望まれる．

最も手頃な SLM は，これまでも想定して解説を進めてきた液晶ディスプレイ（LCD）である．パソコンに高精細な LCD を接続すれば動画対応の電子ホログラフィシステムができあがる．可視光の波長と同程度の高精細さは実現していないが，画素ピッチが数 µm のものも市販されており，研究に使うには十分な性能になってきている．

2.3.1 電子ホログラフィシステムの構築例

図 2.14 に光学系も含めた電子ホログラフィシステムの例を示す．SLM として反射型 LCD を用いている．高精細な LCD は，**透過型**よりも**反射型**のほうが多い．透過型に比べて反射型は制御回路を裏面に作り込めるため，より高精細になり，光の利用効率が高い．画素ピッチ 10 µm の高精細 LCD が登場したのは 2000 年くらいであり，研究が容易になった．現在では画素ピッチ 5 µm 程度の LCD も市販されるようになっている．

SLM のほかに必要なものとして参照光源がある．光学的にホログラムを記録するためには，干渉性の高い（コヒーレントな）レーザーが必須である．一方で，再生時では，レーザーは必須ではない．コヒーレントな光でなくて

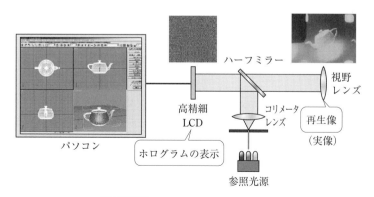

図 2.14　電子ホログラフィの構成例

も回折は起こるからである．図 2.14 では，レーザーよりも安全で安価な**発光ダイオード**（light emitting diode：**LED**）を用いた例を示している．

研究の内容によっては，参照光に球面波（発散光）を用いる場合もあるが，回折角を大きくとるには平行光を用いたほうが有利である．平行光に変換するレンズを**コリメータレンズ**という．レーザーおよび LED で平行光を作る光学系を**図 2.15** に示す．

図 2.16（口絵 4 ページ参照）は，10 年ほど前に組んだ実際の実験室の様子である．光学系を正確におくためには定盤などがあれば便利であるが，特別な光学系がなくても電子ホログラフィの再生実験が行える例として示した．

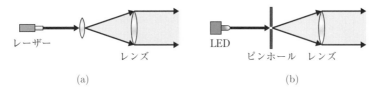

図 2.15　平行光を作る光学系の例．(a) レーザー光源と (b)LED 光源

図 2.16　実際の実験室の様子

2.3.2 虚像と実像

LCD にホログラムを表示させ，参照光を当てて LCD そのものを見ると，LCD の奥に 3 次元物体が観察できる．見えている像は虚像であり，元画像と同じものである．空間中に結像しないために虚像と呼ばれるが，人間の目のレンズ作用によって網膜に結像される．通常の物体を見ている状況と同じである．

本来ならば，これで十分である．ただ，現状では LCD のサイズが小さい

という難点がある．LCDは通常（2次元）のテレビにおける画面に相当する．虚像は画面を通して観察することになる．例えば，画素ピッチ10μmで1,920×1,080画素の高精細LCDは，2cm×1cmほどの大きさでしかない．

SLMが小さい場合は，共役像（実像）のほうが見やすい．そこで，図2.14（図2.16）のシステムでは実像を見るように設定している．(2.5)式を用いると，虚像と実像の両方の情報が含まれる．実像は虚像と反対側，つまり観測者側に飛び出した位置に結像する．実際に白い紙などをおくと，結像した実像を確認することができる．これまで，本来の物体光として虚像を中心に解説してきた．ただし，実像を取り出しても元の3次元物体は復元できる．式のうえでは，虚数成分の符号が違うだけだからである．したがって，システムに応じて虚像をとるか実像をとるか選ぶことができる．実像を選んだ場合は虚像成分がノイズになる．

虚像も実像も大きさは同じで，LCDの回折角に依存する．回折角で制限されるということは，ホログラムからの距離を大きくとれば（物体を遠くにおけば），大きな再生像が得られ，LCDのサイズを超えた3次元像も再生できる．実像の利点は，虚像と違って，フレーム枠となっているLCDを意識しないで済むことである．その代わりに，実像を観察するためにはレンズが必要である．現状のLCDでは回折角が小さいために，そのまま目視したのでは，実像を形成する物体光全体が瞳に入ってこない．そのため，レンズを使って実像を瞳径程度に縮小する．ここで使われるレンズを**視野レンズ**という（図2.16）．

図2.17は，図2.16で行った電子ホログラフィ再生の例（サイコロ）である．視野レンズの直径は5cmで，サイコロの下に見える光は参照光源LEDの直接光である．使用したLCDのサイズ（2cm×1cm）以上の再生像が得られていることがわかる．また，暗室にする必要もなく，室内照明光の下でも十分に視認できることも示している．

実像を3次元再生に使う際には，一つ注意する点がある．図2.9からわかるように，参照光が平行光の場合，虚像と実像はホログラムに対して対称な

図2.17 電子ホログラフィ再生の例

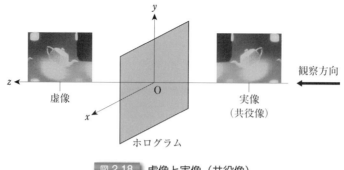

図 2.18　虚像と実像（共役像）

図 2.19　(a) オルソスコピック像（虚像）と (b) シュードスコピック像（実像）

［久保田ホログラム工房製「タクシー」］

位置に再生される．複数点になっても同様で，**図 2.18** に示すように，虚像で想定した 3 次元像がホログラム面を対称にして実像として結像する．

つまり，実像を観察するということは，想定していた 3 次元物体を背後から見ることになる．近い点が遠くに，遠い点が近くに見える．このような奥行きが逆転した像を**シュードスコピック像**（にせの像）という．虚像のように正しく見える像は**オルソスコピック像**と呼ばれる．

図 2.19 にオルソスコピック像（虚像）とシュードスコピック像（実像）の例を示す．虚像も実像も目視できる光学的に作製されたホログラムを写真撮影した．シュードスコピック像では，本来出っ張っている面が凹んでいて，おかしな像になっている．

実像をオルソスコピック像に変換する手法は，すでに知られていて，例えば，レンズや凹面鏡で元の物体の見え方を入れ替えてからホログラムに記録する．CGH の場合は，所望の像になるように計算しておけばよい．重要なのは，虚像と実像では見え方が異なるという認識をもっていることである．

2.3.3　振幅ホログラムと位相ホログラム

ここまでは干渉縞の強度を LCD の輝度値で表示する CGH を紹介してき

た．このタイプのホログラムを**振幅ホログラム**という．このほかに，干渉縞の分布を位相で表すタイプの**位相ホログラム**がある．

振幅ホログラムは，干渉縞の濃淡で入射光の強度を弱めてしまうため，光の利用効率が悪い．入射光に対してどのくらいの割合が再生像に寄与するかを表す指標に**回折効率**がある．振幅ホログラムでは 10％以下である．一般的な LCD の輝度は 256 階調で表示できるが，ここまで紹介してきた CGH は 2 値（白黒）で作られている．階調を上げると回折効率がさらに低下し，再生像が暗くなってしまうからである．例として，**図 2.20** を示す．物体点数 10,000 点の恐竜で，振幅ホログラムにもとづく**振幅型 CGH** による再生像である．2 階調にした CGH ではきれいに見えていた像が，256 階調の CGH では像が暗くなりすぎて見えなくなっている．

一方，位相ホログラムは各画素で位相変調を行う．光学ホログラムでイメージを説明すると，透明なホログラム面上に凹凸をつけて各画素の光の位相を変化させて干渉縞を表現する．入射光の強度を弱めることがないため，明るい再生像が得られる．回折効率は，作り方によっては 100％近くになる．そのため，光学的に作られているホログラムの多くは位相ホログラムである．

図 2.21 に，図 2.20 で用いた恐竜データから位相ホログラムにもとづく**位相型 CGH** を作成し，再生した結果を示す．振幅ホログラムと異なり，階調を増やしても明るさは変わらない．階調を増やすことで情報量が増え，画質も向上している．

近年，位相変調を行う高精細な LCD が市販されるようになった．電子ホログラフィにおいても，今後は位相型 CGH が主流になっていくものと思われる．

位相型 CGH を作成する計算手順を示す．物体の各点を j とし，ホログラム面上の各点を α とすると，ホログラム面上での各点の強度 I_α は，物体光 O_j と参照光 R の重ね合わせで，(2.18) 式のように計算される．

$$I_\alpha = |R + O_j|^2 = |R|^2 + |O_j|^2 + R^*O_j + RO_j^* \qquad (2.18)$$

(a) 2 階調　　　(b) 256 階調

図 2.20　振幅ホログラムと階調の関係

(a) 2階調　　　(b) 256階調

図 2.21　位相ホログラムと階調の関係

　(2.18) 式で第3項と第4項を加算したものが振幅型 CGH である．位相型 CGH の場合は，第3項のみを計算し，そこから位相情報を取り出す．

　具体的な計算をインラインホログラムで示す．振幅ホログラムの説明と同様に，参照光を $R=1$（平行光）とおき，点群で構成される物体のすべての点光源の振幅と初期位相をそれぞれ 1 と 0 に設定する．物体点数を N_{obj} とすると，第3項は (2.19) 式のように実数部と虚数部に分けて計算することができる．Re と Im は複素数の実数部（real part）と虚数部（imaginary part）である．ホログラム面上 α の位相 ϕ_α は (2.20) 式のように求まる．

$$R^*O_j = \sum_{j=1}^{N_{\mathrm{obj}}} \frac{1}{r_{\alpha j}} \exp\left(ikr_{\alpha j}\right) = \sum_{j=1}^{N_{\mathrm{obj}}} \frac{1}{r_{\alpha j}} \cos\left(kr_{\alpha j}\right) + i \sum_{j=1}^{N_{\mathrm{obj}}} \frac{1}{r_{\alpha j}} \sin\left(kr_{\alpha j}\right)$$
$$= \mathrm{Re} + i\mathrm{Im} = \sqrt{\mathrm{Re}^2 + \mathrm{Im}^2} \exp(i\phi_\alpha) \tag{2.19}$$

$$\phi_\alpha = \tan^{-1}\left(\frac{\mathrm{Im}}{\mathrm{Re}}\right) \tag{2.20}$$

　(2.20) 式の計算をホログラム面上のすべての画素で行って記録したものが位相ホログラムである．ここでは，(2.19) 式の振幅を一定としている．このような振幅を定数とおいた位相ホログラムは**キノフォーム**と呼ばれる．ホログラムのような波面記録においては，振幅よりも位相情報のほうが重要であることが多い．キノフォームは，その特性に着目して開発された手法である．現在の電子表示デバイスでは，振幅情報と位相情報を同時に表示することは難しい．そこで，位相ホログラムとしてキノフォームが使われている．

　図 2.22 に，物体点 1 点の場合の振幅型 CGH と位相型 CGH の比較を示した．両方とも 8 ビット階調で表現している．ここではイメージできるように，位相型 CGH での位相の値（$0 \sim 2\pi$）を輝度値（$0 \sim 255$）に置き換えて示している．

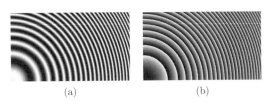

図 2.22 (a) 振幅型 CGH と (b) 位相型 CGH

2.3.4 参照光源と計算式

　ここまではインラインホログラムを扱い，参照光源はホログラムに垂直に入射する平行光とした．その場合，$R=1$ となり，CGH 作成の計算が理解しやすくなる．このほかに，平行光を傾けて入射する**オフアクシスホログラム**がある．また，平行光ではなく，球面波を参照光に用いることもある．

　回折角が十分にとれない現状の電子ホログラフィシステムでは，インラインがよく使われる．しかし，参照光の直接光（0 次光）と再生像（1 次回折光）が重なってしまうという難点がある．また，振幅ホログラムでは，虚像と実像が視点方向に重なり，これもノイズの原因になる．回折角が十分にとれるならば，オフアクシスにしたほうが望ましい．オフアクシスホログラムの参照光は，**図 2.23** のように z 軸に対して θ の角度をもった平行光の場合，(1.18) 式で示したとおり，$\exp(ikx\sin\theta)$ になる．

　図 2.24 のように，参照光源に点光源を使う場合は，参照光は球面波になる．これは 2.2.1 節の 1 点の物体光と同様で，$\frac{1}{r}\exp(ikr)$ と表される．

　いずれの場合も，計算式およびプログラムは多少複雑になるが，(2.2) 式の参照光の項を置き換えて計算していけば，同様に所望の CGH が得られる．

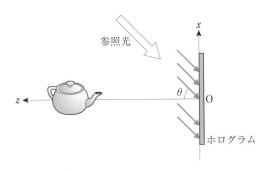

図 2.23 オフアクシスホログラムの参照光

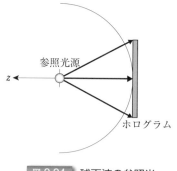

図 2.24 球面波の参照光

2.3.5 再生像の分解能

　光は波動であるので，どんな光学系であっても1点に結像することはなく，広がりをもつ．レンズなどで使われている **F 値** を用いると，回折格子の焦点の広がりは，横方向には λF，奥行き方向には λF^2 程度であることが知られている．F 値はレンズの直径と焦点距離の比で定義される．例えば，**図 2.25** においては，$F = \frac{\text{OP}}{\text{AB}} = \frac{1}{2\tan\theta}$ である．本来は，レンズ系から焦点までの光路長が同じ場合で定義されるので，一般の光学系では $F = \frac{1}{2\sin\theta}$ で与えられる．F 値の詳細については，レンズを扱った教科書に詳述されているので，参照されたい．

　本節では電子ホログラフィで結像する点がどの程度の精度をもっているか，あるいは，ぼやけているかをやや直感的な考察から解説する．

　空間上の2点を識別する尺度を**空間分解能**という．空間分解能はホログラムのサイズに依存する．現在の電子ホログラフィシステムでは，表示デバイスの画素ピッチによる回折角が小さく，表示面を大きくできない状況にある．制限された状況で研究を進める際には，電子ホログラフィの空間分解能を感

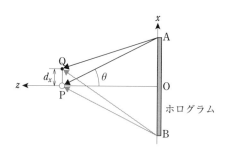

図 2.25 水平方向の分解能

覚的に認識しておくことは大切である．ここでは，理解しやすいように，1次元（ライン状）のホログラムを考え，水平方向と奥行き方向の空間分解能を見積もる[3]．

(1) 水平方向の分解能

図 2.25 のように，ホログラムの中心上の 1 点（P）で集光する CGH を考える．CGH は 1 次元で長さは AB とし，点 P からホログラムを見込む角度を 2θ とおく．本節では説明の便宜上，θ を見込み角と呼ぶことにする．点 P で集光するので，AB 間の各点から放射される回折光は点 P で同位相である．

次に，点 P から水平方向に微小な距離 d_x だけ離れた点 Q を考えてみよう．d_x を少しずつ大きくしていくと，AB 間の各点から放射された回折光の位相は点 Q においてばらついてくる．ホログラム上の各点から放射された回折光の位相差が最大で 2π（光路差 λ）になる距離 PQ を分解能と見なして，このときの d_x を求めてみよう．

d_x は微小なので，OP $\approx$ OQ と近似できるとすると，点 O からの光の位相は点 P と点 Q において変化しない．端点 A からの光波は，AQ が AP に比べて短いので，位相の符号が負の方向に動く．一方，端点 B からの光波は，BQ が BP に比べて長いので，位相の符号が正の方向に動く．つまり，OQ と AQ の位相差が $-\pi$，OQ と BQ の位相差が $+\pi$ になれば，AB 間の回折光の位相差が 2π になる．点 A と点 B は中心点 O に対して等距離にあるので，どちらかで計算すればよく，ここでは点 A 側で計算式を立てることにする．位相差を光路差にすると，π は $\lambda/2$ に相当するので，(2.21) 式を計算すればよいことになる．

$$(\mathrm{AQ} - \mathrm{AP}) - (\mathrm{OQ} - \mathrm{OP}) \approx \mathrm{AQ} - \mathrm{AP} = -\frac{\lambda}{2} \tag{2.21}$$

図 2.26 に示すように光路差は $-d_x \sin\theta$ であるので，(2.21) 式に代入すると，d_x が求まる．

$$d_x \sin\theta = \frac{\lambda}{2} \tag{2.22}$$

$$d_x = \frac{\lambda}{2\sin\theta} \tag{2.23}$$

見込み角 θ は，ホログラム表示デバイスの回折角以上にはならない（広が

---

[3] ここでは，文献[2] の考え方を参考に議論を進める．

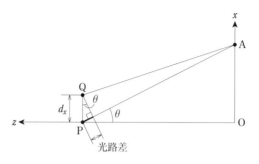

図 2.26 水平方向の光路差

らない).現状の LCD の回折角は数度程度と小さいため,$\sin\theta \approx \theta$ と近似でき,d_x は (2.24) 式で見積もることができる.

$$d_x = \frac{\lambda}{2\theta} \qquad (2.24)$$

最大分解能(d_x の最小値)は,見込み角 θ が表示デバイスの回折角の大きさと同じ場合である.例えば,波長 500 nm を用いるとき,画素ピッチ 10 μm の回折角は (2.1) 式より 0.05 rad であるので,d_x は 5 μm 程度となる.

ただし,見込み角 θ はホログラムサイズと再生位置にも依存している.例えば,AB=1 cm とし,ホログラムから 1 m 離れた所に再生像を出そうとすれば,θ は 0.005 rad になり,d_x は 50 μm 程度に広がる.

逆にいえば,画素ピッチが小さくなり,ホログラムサイズが大きくなって見込み角が大きくとれるようになれば,空間分解能は向上することになる.

(2) 奥行き方向の分解能

奥行き方向(垂直方向)の空間分解能も同様に考察する.**図 2.27** のように,奥行き方向に微小な距離 d_z だけ離れた点 Q を考えてみよう.水平方向の場合と同様に,d_z を大きくしていくと,AB 間の各点から放射された回折光の位相は点 Q においてばらついてくる.位相差の最大が 2π(光路差 λ)になる距離 d_z を奥行き方向の空間分解能と見なして,見積もってみよう.

水平方向のときと異なるのは,AQ と BQ には光路差が生じないことである.また,光路長の変化が最も小さいのが端点 A,B からの光波であり,最も大きいのが中心点 O からの光波になる.したがって,中心点 O と端点 A の光波の位相差が 2π(光路差が λ)になる点 Q を求めてみよう.具体的には,(2.25) 式を計算する.

$$(OQ - OP) - (AQ - AP) = d_z - (AQ - AP) = \lambda \qquad (2.25)$$

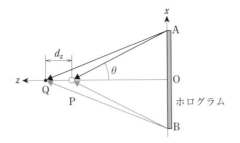

図 2.27 奥行き方向の分解能

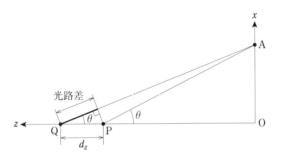

図 2.28 奥行き方向の光路差

ここで，d_z は微小なので，$\angle \text{OPA} \approx \angle \text{OQA}$ と近似できるものとすると，**図 2.28** のように $\text{AQ} - \text{AP} \approx d_z \cos\theta$ となり，

$$d_z - d_z \cos\theta = \lambda \tag{2.26}$$

を得る．三角関数の加法定理を用いると，(2.27) 式となる．

$$d_z = \frac{\lambda}{1-\cos\theta} = \frac{\lambda}{2\sin^2\frac{\theta}{2}} \tag{2.27}$$

水平方向の場合と同じように，$\sin(\theta/2) \approx (\theta/2)$ と近似すると，奥行き方向の空間分解能 d_z は (2.28) 式で見積もることができる．

$$d_z = \frac{2\lambda}{\theta^2} \tag{2.28}$$

　最大空間分解能 (d_z の最小値) は θ が表示デバイスの回折角の大きさと同じ場合である．水平方向と同じ例で示すと次のような数値となる．波長 500 nm を用いるとき，画素ピッチ 10 μm の回折角は (2.1) 式より 0.05 rad である

ことから，d_z は 400 μm 程度となる．

また，見込み角 θ はホログラムサイズと再生位置にも依存しているので，AB=1 cm とし，ホログラムから 1 m 離れた所に再生像を出そうとすれば，θ は 0.005 rad になり，d_z は 4 cm（40,000 μm）程度となる．

以上の結果から，水平方向は見込み角 θ に反比例するのに対して，奥行き方向は θ^2 に反比例することがわかる．つまり，再生像は水平方向よりも奥行き方向により大きくぼやける．これは直感にも合致している．

電子ホログラフィで用いられている SLM は，一般に，画素が粗く，表示面積も小さい．しかし，水平方向の空間分解能は人間が観察するには十分である．したがって，2 次元面を扱う場合にはきれいな再生像が得られる．一方で，奥行き方向の空間分解能は十分とはいえず，3 次元像を扱う場合には，留意する必要がある．

2.3.6 カラー電子ホログラフィシステム

2 次元ディスプレイは RGB（赤・緑・青）の 3 原色の光源を用いてフルカラー映像を表示している．3 次元の電子ホログラフィでも同じ原理でカラー化を行うことができる．ただし，通常の 2 次元ディスプレイでは平面上で混色を作り出せばよいのに対して，3 次元の電子ホログラフィでは空間中で混色を形成する必要がある．

(1) 3 光源と 3 枚のホログラムを用いたカラー電子ホログラフィシステム[3]

図 2.29（口絵 5 ページ参照）に基本的なシステム構成を示す．まず，表示したい 3 次元像を RGB の 3 成分に分ける．そして，RGB それぞれに対応した CGH を作成する．ホログラムそのものに色がついているわけではなく，作成時の参照光源の波長をそれぞれ RGB の波長に設定する．作成した 3 枚の CGH に，それぞれに対応した色の光源を照射する．3 色の再生像が重なるようにビームスプリッタなどで光軸を合わせれば，所望のカラーホログラフィ像を得ることができる．

(2) 時分割方式[4]

時分割方式の構成を**図 2.30**（口絵 6 ページ参照）に示す．SLM を一つしか使わない点に特徴がある．表示したい 3 次元像を RGB の 3 成分に分け，それぞれの CGH を作成するところまでは同じである．**時分割方式**では，作成した 3 枚の CGH を時間方向に分割して一つの SLM（表示デバイス）に表

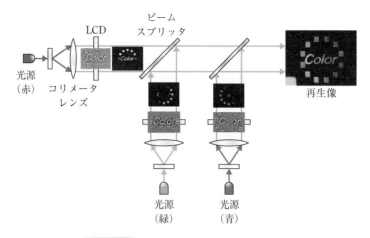

図 2.29　3 枚パネルカラーホログラフィ

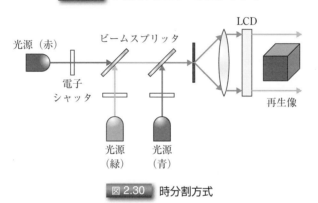

図 2.30　時分割方式

示する．CGH を切り替えると同時に，照射する光源も対応する RGB 各色の光源に切り替える．**図 2.31**（口絵 6 ページ参照）のように，これをフレームごとに次々と行う．

　テレビの研究から，映像がちらつかないフレームレートは 15 **fps** 程度以上であることが知られている．視覚の**時間分解能**でいえば，50〜100 ms 程度になる．静止画のコマ送りである映像を連続した動画として視認することや，交流で明滅している電灯にちらつきを感じないのは，目の分解能による残像効果のためである．時分割方式では，このような目の残像効果を利用する．そのため，ちらつきのない映像を実現するには，RGB 成分に分けた 3 枚 1 セットの CGH を 15 fps 以上で切り替える必要がある．フレーム単位でいえば，45 fps 以上である．CGH と光源の切り替えには電子シャッタなどが用いられている．

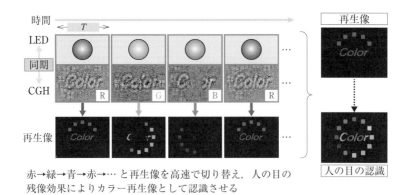

図 2.31 時分割方式の動作

赤→緑→青→赤→… と再生像を高速で切り替え，人の目の残像効果によりカラー再生像として認識させる

電子ホログラフィの場合，SLM が 1 枚で済むメリットは大きい．SLM 間でのズレがなくなるからである．

(3) 空間多重方式[5]

SLM を一つにしたカラー電子ホログラフィシステムには，もう一つ**空間多重方式**がある．時分割方式が三つの光源の軸をそろえるのに対して，空間多重方式では**図 2.32**（口絵 7 ページ参照）のように軸をずらして配置する．このため，**図 2.33**（口絵 7 ページ参照）のように同じ再生像が赤，緑，青の光源ごとにずれた位置に生じる．ここで，所望の位置で RGB 各成分が重なるように光源の軸を調整し，その部分だけを切り抜いて観察すれば，所望のカラー電子ホログラフィが得られる．**図 2.34**（口絵 7 ページ参照）は再生例

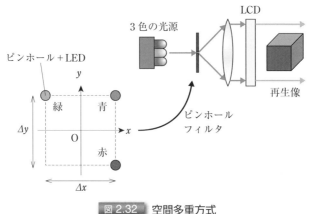

図 2.32 空間多重方式

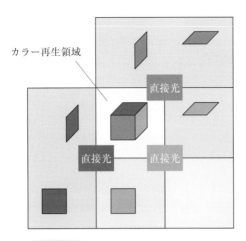

図 2.33 空間多重方式の再生エリア

図 2.34 再生例

である．

　空間多重方式のメリットは，SLM が一つで済むことに加えて，電子シャッタのような付加的な装置を必要としないことである．光軸が決まれば，すべて計算処理で制御することができる．ただし，現在の SLM では回折角が十分ではないため，再生像の領域が小さいという難点がある．

2.4 高速化手法

　電子ホログラフィの実用化には**計算の高速化**が不可欠である．一方で，電子ホログラフィは，多くの数値計算と比べて，高速化しやすい要素をもっている．例えば，以下のような項目である．

1. テーブル参照が容易
   最終的な結果が 1 ビット（振幅ホログラム）または 8 ビット（位相ホログラム）であるなど，高い精度を必要としない部分が多く，演算を**テーブル参照**に置き換えやすい．
2. 並列計算が容易
   画素ごとに独立に計算でき，分岐がない（少ない）ため，**並列計算**が有効に機能する．
3. SLM の規則性を利用
   表示デバイスの画素は規則的に並んでいるため，画素間の差分だけを計算することで値を求めることもでき，計算負荷が軽減する．

4. ホログラフィの性質を利用
   3次元像の情報は回折光に含まれ，計算領域は回折角に依存する．イメージホログラムのような物体とホログラムの距離が近い場合には，計算領域が減少する．

本節では，以上のような CGH 計算の高速化手法について，基本的な考え方を解説する．

2.4.1 演算量

最初に CGH の**演算量**を見積もっておこう．ここでは，位相ホログラム（キノフォーム）の場合で具体的に示していく．物体点数を N_{obj}，ホログラムの総点数（画素数）を N_{hol} とおく．計算する式は (2.19) 式と (2.20) 式である．1 枚の CGH を作成する計算手順は，以下のように表すことができる．

1. 物体 j とホログラム点 α についての伝搬計算

$$距離の計算: r_{\alpha j} = \sqrt{x_{\alpha j}^2 + y_{\alpha j}^2 + z_{\alpha j}^2} \tag{2.29}$$

$$実数部\ \mathrm{Re}(j,\alpha) = \frac{1}{r_{\alpha j}}\cos(k r_{\alpha j}) \tag{2.30}$$

$$虚数部\ \mathrm{Im}(j,\alpha) = \frac{1}{r_{\alpha j}}\sin(k r_{\alpha j}) \tag{2.31}$$

2. ホログラム 1 点上での物体光の重ね合わせ

$$実数部\ \mathrm{Re}(\alpha) = \sum_{j=1}^{N_{\mathrm{obj}}} \mathrm{Re}(j,\alpha) \tag{2.32}$$

$$虚数部\ \mathrm{Im}(\alpha) = \sum_{j=1}^{N_{\mathrm{obj}}} \mathrm{Im}(j,\alpha) \tag{2.33}$$

3. ホログラム 1 点における偏角（位相）の計算

$$\phi(\alpha) = \tan^{-1}\left(\frac{\mathrm{Im}(\alpha)}{\mathrm{Re}(\alpha)}\right) \tag{2.34}$$

4. ステップ 1〜3 をホログラム面上のすべての点で繰り返す

基本となるのは，ステップ 1 の演算量である．演算量をはかる単位に **flops**

(floating point operations per second）がある．1秒間に行う浮動小数点型の演算数である．加算と乗算を1として数える．その他の演算は，計算機システムごとに異なる．おおざっぱに，除算5演算，平方根10演算，三角関数50演算程度である．

(2.29) 式は，乗算3回，加算2回，平方根1回なので，15演算程度となる．同様に，(2.30) 式は，除算1回，乗算1回，三角関数1回で56演算，(2.31) 式も同様に56演算となる．したがって，ステップ1の演算量は130演算程度である．根拠となる各関数の演算量は計算機システムで変わるので，ステップ1の演算量は概算として100とおくことにする．

ステップ2では，ステップ1の計算を N_{obj} 回行って加算する．ここまでの演算数は概算で $100 \times N_{obj}$ である．ステップ3は，除算1回と三角関数1回で55演算であるが，ここも概数で50演算とおく．

以上から，ホログラム面上の1点の位相を求めるための演算数は $(100 \times N_{obj} + 50) \approx 100 \times N_{obj}$ である．ステップ4から，1枚のCGHを作成する演算数は $100 \times N_{obj} \times N_{hol}$ と見積もることができる．

具体的な例として，物体点数を 10,000，ホログラム表示に用いるLCDの解像度を200万画素（1,920×1,080）とすると，CGH1枚あたりの演算数は2兆（2×10^{12}）になる．現在のパソコンの性能が10 Gflops（10×10^9：1秒間に100億演算）程度なので，高速化を何もせずに計算すれば，1枚作成するのに3分（200秒）程度かかることになる．

2.4.2 テーブル参照法

手前味噌で恐縮だが，日本で作られ，世界的に有名になった学術用のコンピュータシステムにGRAPEという天文学専用計算機がある．筆者の1人，伊藤の初期の研究として，1989年に第一号機GRAPE-1が開発された[6]．GRAPE-1が成功した大きな要因は，計算のほとんどを，**テーブル**（look up table：**LUT**）を組み込んだROM（read only memory）の組み合わせで構成したことにある．

テーブルとは，日本語に訳せば「表」のことである．何かを計算するとき，一々手順にしたがって答えを出すより，あらかじめ答えの表を用意しておけば，計算手順を省けるので時間の節約になる．もちろん，表を作るためには計算しなければいけないが，それははじめに一度だけ行っておけばよい．

テーブルによる計算は，私たちも身近で経験しているし，実際に使ってもいる．代表的な例がかけ算九九である．私たちがかけ算をスムーズに行える

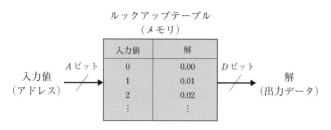

図 2.35 メモリによるルックアップテーブル

のは九九を暗記しているからである.九九の表が頭の中にすでに用意されているので,1桁のかけ算は手順を尽くして計算することなく,即座に答えが出てくる.

コンピュータシステムでは,表はメモリに格納される.複雑な計算でも,メモリ読み出し1回で答えが求まるので,高速化される.もう少し丁寧にいえば,複雑な計算ほど,テーブル化の効率は高い.

CGH の場合,前節の解説から明らかなように,三角関数をテーブル化することで大幅な時間短縮が見込まれる.テーブル読み出しもコンピュータシステムによって差異があるが,1 演算程度と見なすことができるとすると,ステップ1は 20 演算程度に減少する.全体で 5 倍高速化されることになり,10,000 点で構成される物体の CGH が 1 分程度で作成できる.

ルックアップテーブルの作成は簡単である.何らかの計算式 $y = f(x)$ をテーブル化するときには,アドレス x の領域に $f(x)$ をあらかじめ計算してデータとして書き込んでおく.こうすることで,x に応じた y が出力される.

テーブル参照法は便利で効果的であるが,一般的には十分大きなメモリ容量を必要とする.**図 2.35** に構成を示す.入力データを A ビットとすると,エントリできる数(定義域の範囲)は 2^A である.出力のデータ長(解の精度)を D ビットとすると,メモリのサイズは $2^A \times D$(ビット)となる.

CGH 作成においては,(2.30) 式の cos 関数や (2.31) 式の sin 関数は,周期性や定義域を考慮すると,入力 16 ビット,出力 16 ビット程度で十分であることがわかり,小さなテーブルで済む.このときのメモリ容量は $2^{16} \times 16 = 1 \,\mathrm{Mbit} = 128\,\mathrm{KB}$ である.

ところが,一般に 32 ビット(単精度)データの計算をそのままテーブル参照で行うことは難しい.32 ビット入力,32 ビット出力は $2^{32} \times 32 = 128\,\mathrm{Gbit} = 16\,\mathrm{GB}$ となり,これ一つでパソコンのメモリをすべて消費してしまうことになる.

入力変数が二つ以上になれば,さらに厳しい話になる.例えば,2 変数の関数 $z = f(x, y)$ の計算を単精度(32 ビット)のままテーブル参照で行おうと

すると，$2^{(32+32)} \times 32 = 512\,\text{Ebit} = 64\,\text{EB}$ になる．E はエクサ（2^{18}：100 京）を表す途方もない大きさの数である．現実的ではなくなる．

コンピュータを相手にするとき，ただその仕様にしたがっているだけでは大きな進展は望めない．テーブル参照の場合でいえば，入力データ（アドレスビット）を増やせばメモリ容量が 2 の累乗で増えていき，すぐに破綻する．しかし，逆に考えれば，入力データ（アドレスビット）を削減できれば，劇的にメモリサイズは小さくなり，大幅な計算高速化が望めることになる．

2.4.1 節のステップ 1 では，六つの入力データ（$x_j, x_\alpha, y_j, y_\alpha, z_j, z_\alpha$）から，直接，二つの解 $\frac{1}{r_{\alpha j}} \cos(kr_{\alpha j})$ と $\frac{1}{r_{\alpha j}} \sin(kr_{\alpha j})$ がテーブル参照で求められれば理想的である．ここでは，電子ホログラフィの特徴を使って，制約はあるものの，これが実現可能であることを紹介する．

テーブル参照法の特徴は，入力が同じならば，関数の種類を問わないことである．$\frac{1}{r_{\alpha j}} \cos(kr_{\alpha j})$ ができれば $\frac{1}{r_{\alpha j}} \sin(kr_{\alpha j})$ もできる．別のアルゴリズムでも構わない．ここでは，代表して $\frac{1}{r_{\alpha j}} \cos(kr_{\alpha j})$ をもとに解説する．

$$f(x_j, x_\alpha, y_j, y_\alpha, z_j, z_\alpha) = \frac{1}{\sqrt{(x_j - x_\alpha)^2 + (y_j - y_\alpha)^2 + (z_j - z_\alpha)^2}}$$
$$\times \cos\left(k\sqrt{(x_j - x_\alpha)^2 + (y_j - y_\alpha)^2 + (z_j - z_\alpha)^2}\right) \qquad (2.35)$$

現在の電子ホログラフィシステムは SLM で強く制限される状況にある．ここでは高精細 LCD を SLM に使用し，計算しやすいように，$1,024 \times 1,024$ 画素の CGH を作成するものとする．1,024 は 2^{10} である．画素ピッチを p とおくと，ホログラム面上の x と y は p で離散化され，整数値 X_α と Y_α を用いて，次のように記述できる．

$$x(\alpha) = pX_\alpha \quad (0 < X_\alpha < 1024) \qquad (2.36)$$

$$y(\alpha) = pY_\alpha \quad (0 < Y_\alpha < 1024) \qquad (2.37)$$

物体点の領域もある一定の値（ピッチ）で規格化して考え，水平方向の画素ピッチを p_{xy}，奥行き方向の画素ピッチを p_z とおく．2.3.5 節で見積もった再生像の分解能から，水平方向に対して奥行き方向は粗い離散化でよく，物体の描画領域の画素数は（十分な大きさとして）$1,024 \times 1,024 \times 256$ とおく．再生像の実サイズは p_{xy} および p_z の設定によって変更可能である．

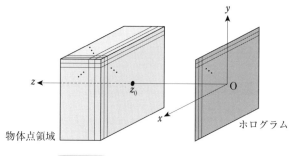

図 2.36 整数値で離散化した座標系

$$x(j) = p_{xy}X_j \quad (0 < X_j < 1024) \tag{2.38}$$

$$y(j) = p_{xy}Y_j \quad (0 < Y_j < 1024) \tag{2.39}$$

$$z(j) = p_z Z_j + z_0 \quad (0 < Z_j < 256) \tag{2.40}$$

ここで，X_j, Y_j, Z_j は整数値であり，z_0（定数）はホログラムと物体点領域との距離である．整数値で離散化した座標系のイメージを**図 2.36** に示す．

以上より，(2.35) 式の $f(x_j, x_\alpha, y_j, y_\alpha z_j, z_\alpha)$ は，次のように置き換えることができる．

$$\begin{aligned} f(x_j, x_\alpha, y_j, y_\alpha, z_j, z_\alpha) &= f(x_j - x_\alpha, y_j - y_\alpha, z_j) \\ &= f(X_j - X_\alpha, Y_j - Y_\alpha, Z_j), \end{aligned}$$
$$(-1024 < X_j - X_\alpha < 1024;\ -1024 < Y_j - Y_\alpha < 1024;\ 0 < Z_j < 256) \tag{2.41}$$

(2.41) 式は，入力変数が六つから三つに減り，しかもすべて整数値で，ビット数がそれぞれ $11(-2^{10}\sim2^{10})$，$11(-2^{10}\sim2^{10})$，$8(0\sim2^8)$ であることを示している．出力データを 16 ビットとすると，メモリ容量は $2^{(11+11+8)} \times 16 = 16\,\mathrm{Gbit} = 2\,\mathrm{GB}$ である．現在のパソコンでも十分に用意できる．

図 2.37 に，$\frac{1}{r_{\alpha j}}\sin(kr_{\alpha j})$ も合わせた構成図（4 GB のメモリ）を示す．この場合の演算数は減算 2，テーブル読み出し 1 の 3 回である．100 演算に比べて 30 倍高速化されることになる．10,000 点で構成される物体の CGH が

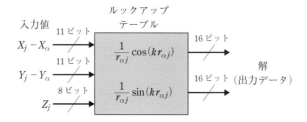

図 2.37 4 GB メモリを用いてフルテーブル化した CGH 計算

数秒で作成される[4].

2.4.3 並列処理

今日のコンピュータは計算ユニットを複数もつことによって**並列計算**を可能にし，高速化している．パソコンに搭載されている CPU でも 2～8 個の演算コアを実装したものが普通になってきている．さらにいえば，グラフィックス処理を担当する **GPU** には 1,000 個以上の演算コアが搭載されるようになってきている．コンピュータには標準で GPU が搭載されており，コストをかけずにパソコンで並列計算を行うことができる．

ただし，**並列処理**で高速化できるかどうかは問題（プログラミング構造）に依存する．コア数に比例して高速化できれば理想的であるが，通常はそれほどうまくいかない．計算には手順があり，同時（並列）に演算コアを働かせることが難しいからである．例外的といってもよいほど効率的に並列計算できる分野がグラフィックス処理である．そのため，GPU はマルチコアから，さらにメニーコア化へと発展を遂げている．

電子ホログラフィもグラフィックス処理の一つであり，並列計算に向いている．主な理由は次の二つである．

1. ホログラム上の画素は，それぞれ独立に計算できる
2. 計算時間がデータの通信時間よりも大きい

一般に，並列計算で最も大きな問題になるのが計算コア間での通信である．計算コア間でデータのやり取りが必要な場合は，計算コアを同時（並列）に動かすことが難しくなる．また，計算コアが増えれば，計算コア 1 個あたり

---

[4] 実際にはメモリ（テーブル）読み出しの負荷はシステムに依存し，大容量のメモリを有効に利用するためには工夫が必要になる．

の計算負荷が減り，トータルの演算時間は減少する．一方で，計算コアが増えることで通信回数は増加し，トータルの通信時間は増加する．したがって，並列計算においては，計算コアの増加とともにトータルの処理時間がデータ通信時間で決まるようになる．どこかで並列数を増やしてもトータルの処理時間は高速化しなくなり，それ以上計算コアを増やしていくと，逆に（データ通信時間のために）遅くなってしまうという現象が起こる．

逆にみれば，計算コア間でデータ通信がない場合は，並列計算が有効に機能する．その代表が画像処理である．コンピュータの発展とともに画像処理の負荷が重くなり，CPU からグラフィックス処理のハードウェアが分離された．それが GPU である．GPU は高並列計算機能を進めて発展し，今日では，その高速性を利用した研究が **GPGPU**（general-purpose computing on GPU）と呼ばれて盛んになっている．

具体的に，電子ホログラフィにおける並列化の利点を述べる．CGH を作成する際，ホログラム面上の各画素は独立に計算できる．したがって，例えば 1,000 個の計算コアがあれば，1,000 個の画素を同時（並列）に計算でき，1 個のコアに対して，1,000 倍の高速化が見込める．さらに，各画素間でデータのやり取りをする必要もないので，計算が終了した計算コアはすぐに次の画素の計算を開始することができる．計算コアを常にフル稼働させることができるため，並列計算の効率が非常に高い．これが理由 1. の効果である．イメージを図 **2.38** に示す．

次に，演算時間と通信時間の関係に注目する．いま，CPU が CGH 計算を GPU などの並列計算システムで行わせることを考えてみよう．そのときの演算量と通信量の関係を図 **2.39** に示す．

CPU での処理量，データ通信量がともに $(N_{\text{obj}} + N_{\text{hol}}) \approx N_{\text{hol}}$ にしか比例しないのに対して，CGH の計算量は $(N_{\text{obj}} \times N_{\text{hol}})$ に比例する．物体点

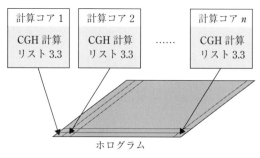

図 2.38　マルチコアシステムによる並列計算

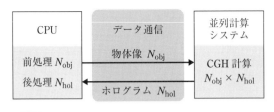

図 2.39 CGH の並列計算における演算量と通信量の関係

数が 1 万点ならば 1 万倍の差である．トータルの処理時間の中で CGH 計算がほとんどすべてを占める構造になっているため，データ通信でネックになることはなく，計算コアの増加にしたがってトータルの処理時間は短縮する．これが理由 2. の効果である．

著者たちの研究グループでは**ホログラフィ専用計算機**システムの開発を行っており，CGH 計算回路を 20,000 個並列動作させて PC の 10,000 倍近い高速化を実現したことがある[7]．一般の GPU を用いても，CPU 単独計算の 100 倍以上の高速化が期待できる．専用計算機システムについては 2.4.6 節で後述する．

さらに，次の二つも利点になる．

3. エラーに強い
4. 出力の計算精度が小さくてよい

数値シミュレーションの多くは時間発展（時間方向の積分）を伴う．ステップごとに前に求めた結果を用いて計算を続ける．その際，どこかでエラーが発生すると，そのエラーが伝搬して最終結果がおかしくなる．また，空間的にも相互作用があることが普通で，1 点で生じたエラーは空間全体に拡散していく．当たり前ではあるが，エラーが生じた数値計算は信用されない．そのため，大規模な数値計算を行う際には，同じプログラムを 2 つの同じコンピュータシステムで実行して結果を比較するなど，何らかのエラー検出機構が必要になってくる．

ところが電子ホログラフィなどのグラフィックス処理では，動画を作成したとしても各フレーム間に相互依存はなく，エラーは伝搬しない．各画素についても独立であるので，空間的にもエラーは伝搬しない．つまり，どこかの画素で CGH 計算時にエラーが起こったとしても，そのエラーはその 1 点に限定され，全体の映像にはほとんど影響がない．これが理由 3. である．

並列計算システムは，構造的に，エラーに弱い．例えば，3 年間（約 1,000 日）に 1 度程度しか誤動作しないプロセッサがあるとする．ところが，これ

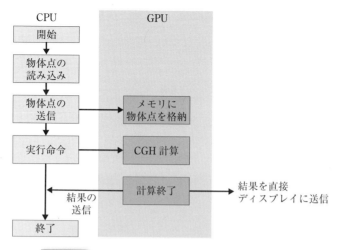

図 2.40 GPU を用いた CGH 計算のフローチャート

を 1,000 個用いて並列計算システムを構築したとすると，統計的には，ほぼ毎日，どこかでエラーを起こすことになる．実際，多数の計算コアを搭載した GPU で長時間の数値計算を行うと，エラーが気になることがある．そのため，数値計算用に信頼度を高めた GPU ボードも市販されている．

通常のグラフィックス用途で用いられる GPU は，高い信頼度は要求されない．表示データは一度表示されてしまえばそのまま捨てられて，ほかに影響を与えない．それよりも，解像度の増加とともにリアルタイムの高速性が求められる．GPU が高並列処理で発展してきた理由の一つである．電子ホログラフィも同様で，CGH は並列計算システムに向いている．

出力精度については表示デバイスで制限されるため，現時点での CGH では 8 ビットが基本である．振幅型 CGH では，2.3.3 節で述べたように 2 値にする必要があるので，1 ビットである．途中の計算精度も軽減でき，メモリ容量が少なくて済む．2 値の CGH ならば，GPU でホログラム面上の各画素の CGH 計算を行い，符号が正ならば 255，負ならば 0 として，直接表示デバイスに出力することも可能である．GPU から CPU にデータを戻す必要がないので，さらに高速化する．**図 2.40** に GPU を用いたときの CGH 計算の流れを示す．最終結果を CPU に返すかわりに，直接ディスプレイに表示させることができることを示したときの計算例である[8]．

2.4.4 差分法

CGH 作成では，三角関数を繰り返し使う．三角関数はテーブル化するこ

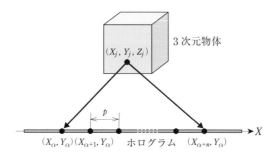

図 2.41 規格化されたホログラム面（X 方向）

とで高速化し，有効であることを 2.4.2 節で解説した．ここでは，三角関数の引数に注目する．電子ホログラフィでは，LCD などの表示デバイスの画素は等間隔で並んでいる．この特徴を利用すると，ある 1 点の画素値を計算したあとは，差分を加算することで隣の画素値も計算できる．これを繰り返していくことで，計算は高速化される[9, 10]．

図 2.41 に，画素ピッチ p で規格化されたホログラム面の X 方向を示した．X_α，Y_α は整数値である．本節では X 方向で解説するが，Y 方向でも同様である．

具体例として，(2.42) 式のフレネル近似が成り立つ場合の振幅ホログラムを計算する．対象となるのは $\theta_{\alpha j}$ である．2π で規格化してあるのは，三角関数の周期性を利用することで整数部が無視できるからである．

いま，X 方向で議論するため，$\theta_{\alpha j}$ を X_α の関数とし，X_α 以外の変数を定数として取り扱う．そこで，(2.43) 式では $\frac{p^2}{2\lambda z_j} = \Delta$ とおいた．

$$I_{\alpha j} = \cos\left[2\pi\left(\frac{x_{\alpha j}^2 + y_{\alpha j}^2}{2\lambda z_j}\right)\right] = \cos(2\pi\theta_{\alpha j}) \qquad (2.42)$$

$$\theta_{\alpha j} = \theta(X_\alpha) = \frac{p^2}{2\lambda z_j}\left[(X_\alpha - X_j)^2 + Y_{\alpha j}^2\right] = \Delta\left[(X_\alpha - X_j)^2 + Y_{\alpha j}^2\right] \qquad (2.43)$$

$$\Delta = \frac{p^2}{2\lambda z_j} \qquad (2.44)$$

$\theta(X_\alpha)$ を既知として，隣の値を求めてみよう．(2.43) 式を用いると，(2.45) 式のようになる．ここで，$\theta(X_\alpha + 1)$ と $\theta(X_\alpha)$ の差分を Γ とおいた．

$$\theta(X_\alpha + 1) = \Delta\left[(X_\alpha + 1 - X_j)^2 + Y_{\alpha j}^2\right]$$

$$= \Delta \left[\left\{ (X_\alpha - X_j)^2 + Y_{\alpha j}^2 \right\} + 2(X_\alpha - X_j) + 1 \right]$$
$$= \theta(X_\alpha) + \Delta[2(X_\alpha - X_j) + 1] = \theta(X_\alpha) + \Gamma \quad (2.45)$$
$$\Gamma = \Delta[2(X_\alpha - X_j) + 1] \quad (2.46)$$

続けて計算していくと，次のようになる．

$$\theta(X_\alpha + 2) = \Delta\left[(X_\alpha + 2 - X_j)^2 + Y_{\alpha j}^2\right]$$
$$= \Delta\left[\left\{(X_\alpha + 1 - X_j)^2 + Y_{\alpha j}^2\right\} + 2(X_\alpha + 1 - X_j) + 1\right]$$
$$= \Delta\left[\left\{(X_\alpha + 1 - X_j)^2 + Y_{\alpha j}^2\right\} + 2(X_\alpha - X_j) + 1 + 2\right]$$
$$= \theta(X_\alpha + 1) + \Gamma + 2\Delta \quad (2.47)$$

$$\theta(X_\alpha + 3) = \Delta\left[(X_\alpha + 3 - X_j)^2 + Y_{\alpha j}^2\right]$$
$$= \Delta\left[\left\{(X_\alpha + 2 - X_j)^2 + Y_{\alpha j}^2\right\} + 2(X_\alpha + 2 - X_j) + 1\right]$$
$$= \Delta\left[\left\{(X_\alpha + 2 - X_j)^2 + Y_{\alpha j}^2\right\} + 2(X_\alpha - X_j) + 1 + 4\right]$$
$$= \theta(X_\alpha + 2) + \Gamma + 4\Delta \quad (2.48)$$

$$\vdots$$
$$\vdots$$

$$\theta(X_\alpha + n) = \Delta\left[(X_\alpha + n - X_j)^2 + Y_{\alpha j}^2\right]$$
$$= \Delta\left[\left\{(X_\alpha + (n-1) - X_j)^2 + Y_{\alpha j}^2\right\} + 2(X_\alpha + (n-1) - X_j) + 1\right]$$
$$= \theta(X_\alpha + (n-1)) + \Gamma + (n-1)(2\Delta) \quad (2.49)$$

(2.49) 式から $\theta(X_\alpha)$ は漸化式で表現できることがわかる．計算アルゴリズム（プログラム）としては，はじめに 1 点の θ, Γ, $2\Delta(=\frac{p^2}{\lambda z_j})$ を求めておけば，二つの加算と一つの乗算の計 3 演算で X 方向の位相計算が行える．Y 方向に対しても同様である．

また，$\theta(X_\alpha + n)$ と $\theta(X_\alpha)$ の差分は (2.50) 式で計算できる．乗算が二つ増えるが，(2.51) 式のように，$\theta(X_\alpha + n)$ は $\theta(X_\alpha)$ から直接求めることも可能である．

$$\sum_{k=1}^{n} \{\Gamma + (k-1)(2\Delta)\} = n\Gamma + n(n-1)\Delta \quad (2.50)$$

$$\theta(X_\alpha + n) = \theta(X_\alpha) + n\Gamma + n(n-1)\Delta \tag{2.51}$$

2.4.5 イメージホログラム

ホログラムを物体との距離で分類すると次の三つになる.

- イメージホログラム
- フレネルホログラム
- フラウンホーファホログラム(フーリエ変換ホログラム)

イメージホログラムは,3次元物体がホログラムの近傍にあり,**フラウンホーファホログラム**は無限遠にある.**フレネルホログラム**はその間である.これまでフレネルホログラムを前提に話を進めてきたが,本節ではイメージホログラムによる高速化を解説する.また,イメージホログラムの高速性をフレネルホログラムに適用する波面記録法を合わせて紹介する.

(1) イメージホログラムを利用した CGH 計算の高速化[11]

イメージホログラムで CGH を作成することを考えてみよう.2.2.3 節で示したように,インラインホログラムにおいては,1 点の物体からの伝搬光はホログラム上でゾーンプレートを形成する.その大きさはホログラムを記録する電子表示デバイス(LCD など)の画素ピッチ p に制約され,計算領域は物体点とホログラムの距離 z_j に比例する.

したがって図 2.42 のように,物体をホログラム面の近傍におくと,計算領域が減少する.例えば,SLM に画素ピッチ $10\,\mu\mathrm{m}$,解像度 $1{,}920 \times 1{,}080$ の一般的な高精細 LCD を用いたとする.表示面積は $19.2 \times 10.8 \approx 200\,\mathrm{mm}^2$ である.参照光の波長を可視域の $500\,\mathrm{nm}$ とすると,(2.12) 式より,計算領域の半径は (2.52) 式のように表すことができる.

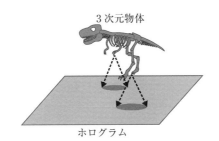

図 2.42 イメージホログラムの CGH 計算領域

$$\left(\sqrt{x^2+y^2}\right)_{\max} = \frac{\lambda z_j}{2p} = 0.025 z_j \text{ mm} \tag{2.52}$$

物体点 j をホログラムから $10\,\mathrm{mm}$ のところにおくと，計算領域の半径は $0.25\,\mathrm{mm}$，計算領域は約 $0.2\,\mathrm{mm}^2$ となる．SLM の表示面積の $1,000$ 分の 1 である．もっと近くにおけば z_j に比例して計算領域はさらに小さくなる．CGH の計算量は計算領域に比例するので，SLM 全面が計算領域になるフレネルホログラムに比べて $1,000$ 倍を超える高速化も可能である．ただし，2.2.3 節でも述べたように，$1\,\mathrm{mm}$ を切るような近さでは満足なゾーンプレート（ホログラム）が形成されないので注意する必要がある．

(2) 波面記録法[12]

本節ではもう一つ，イメージホログラムの高速性をフレネルホログラムに適用する**波面記録法**を紹介する．**図 2.43** のように，二つのステップで構成される手法である．ステップ 1 として，仮想的なホログラム面（波面記録面）を物体近傍におき，イメージホログラムを計算する．ステップ 2 として，波面記録面を波面の伝搬計算で所望の位置に変換する．

この手法の特徴は，波面記録面からホログラム面への伝搬計算が平面から平面への変換であるため，ステップ 2 は物体の状態・点数に関係なく，ホログラムの画素数のみで決まり，計算コストが一定になることである．具体的には 3 章で示す回折計算を行うが，高速フーリエ変換 (fast Fourier transform: FFT) を用いることで高速計算が可能である．例えば，$2,048 \times 2,048$ のホログラム面に対しては，CPU で 1 秒程度，GPU を用いれば 0.03 秒程度で計

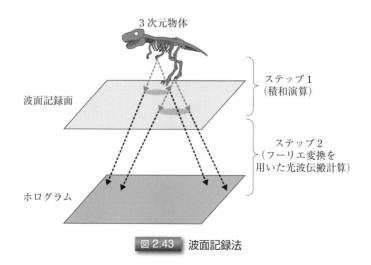

図 2.43 波面記録法

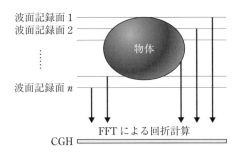

図 2.44 複数の波面記録面を用いた拡張手法

算できる．計算時間はホログラムの画素数（のみ）に比例する．もしステップ 1 のイメージホログラム計算がステップ 2 の伝搬計算よりも速い場合は，ステップ 2 の計算時間で CGH 作成時間を見積もることができる．

また，波面記録面は仮想的に設定できるので，複数用意してもよい．**図 2.44** のように，奥行き方向に幅がある物体に対しては，間隔をあけて n 枚の波面記録面を設定する．それぞれの波面記録面は近傍の物体点でイメージホログラムを形成する．次にそれぞれの波面記録面をホログラム面へ伝搬させる．ただし，ステップ 2 の伝搬計算は n 倍になる．

2.4.6 専用ハードウェアによる高速化

ここまで，CGH 計算アルゴリズムの高速化手法について紹介してきた．最後に，専用ハードウェアによる高速化について触れておきたい[7]．

ホログラフィの計算コストはこれまで解説してきたとおり，膨大である．画素ピッチ 1 μm で 1 m×1 m のディスプレイを作製できるようになったとしても，1 兆画素になる．物体も高精細なものが要求されるので，物体点数も億単位になるものと予想される．映像化するには，1 秒あたり数 10 枚の CGH を作らなければならない．現状の見積りでは，電子ホログラフィで実用的な 3 次元映像システムを構築するためには，CGH 計算を今よりも 100 万倍以上高速化する必要がある．コンピュータの実効性能は 10 年で 100 倍という驚異的な向上を示している．しかしながら，速度向上がこのまま続くとしても，100 万倍になるのは 30 年先ということになる．

このような状況は，実用化をめざすという観点からは，ソフトウェアによる高速化だけでは限界があり，動作させる計算機環境も構築していく必要があることを示唆している．そこで著者たちのグループは **HORN**（HOlographic ReconstructioN）と名付けた**ホログラフィ専用計算機**システムの研究を続

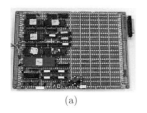 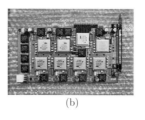

図 2.45 ホログラフィ専用計算機．(a) 試作 1 号機 HORN-1 と (b) ホログラフィ専用計算ボード HORN-8

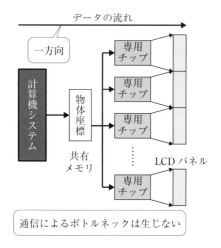

図 2.46 ハードウェアによる高並列高分散電子ホログラフィシステム

けている．**図 2.45**(a) は 1992 年に開発した試作 1 号機 HORN-1 である[13]．当時は手配線で回路開発を行った．最新の HORN-8 システムのボード（図 2.45(b)）は大規模 **FPGA**（field programmable gate array）を 8 個搭載して開発した．

ホログラフィ専用計算機システム HORN のめざすところは，高並列・高分散処理である．2.4.3 節で示したように，CGH 計算は並列化に大変適している．画素間に依存性がないため，分散処理も可能である．

図 2.46 に概念を示す．専用チップというのは CGH を計算する回路である．計算結果は直結した表示デバイスに送られる．例えば，反射型 LCD の裏面に CGH 計算回路を組み込む．計算と表示を合わせて行うデバイスは，それを並べていくだけで大画面化する．このような分散システムの利点は，大画面化しても，要素ごとの計算負荷は変わらないということである．

通信についても構造的な問題はない．データの流れが一方向であり，ボト

ルネックは生じない．このことは，他の多くの数値計算にはない大きな利点である．また，流れるデータ量も小さい．2.2.4 節でも述べたように，物体点数はホログラムの画素数に比べて圧倒的に小さい．例えば，物体点数が 1 億画素になったとしても，流れるデータ量は 1 GB 程度である．

STORY 3　ホログラフィの発明

　開発当初の電子顕微鏡は画質が悪く，期待通りとはいかなかった．その原因は，電子レンズには凸レンズしかなく，凹レンズが存在しなかったからである．レンズには収差があり，画質を劣化させる．その改善のためにガボールはホログラフィを考案した．ガボールはベルリン工科大学出身でルスカの6年先輩であった．当時はイギリスのブリティッシュ・トムソン・ヒューストン社で電子顕微鏡の開発に携わっていた．

　ガボールは，電子線で記録するときには収差も含めて「すべて」の伝搬波面を撮像し，それを光学的に再結像させることができれば，問題は解決できるのではないかと考えた．光学手法に持ち込めば，凹レンズが使えるので，収差を消すことが可能になるからである．「すべて」というのは，伝搬波面の振幅（強度）だけでなく，位相も記録するということである．振幅と位相を同時に記録することができれば，波面を再構成できる．つまり，物体像をそのまま記録・再生できることを意味する．

　通常の写真では振幅分布のみが記録される．一方で，干渉縞を用いれば，位相を記録できることも知られていた．そこでガボールは，物体で回折した光（物体光）と物体に当たらない光（参照光）を干渉させれば，振幅と位相を同時に記録できると考えた．その理論は正しく，ガボールは記録媒体をホログラムと名付けて，1948年に発表した．「ホロ」とはギリシャ語で「すべて」を意味し，「グラム」は記録を意味する．ちなみに，「ホログラフィ」という技術を表す用語は，レーザーホログラムのパイオニアの1人であるミシガン大学のストローク（G.W. Stroke）が1964年に使ったのが初めてで，以降定着していったといわれている．

　ガボールのアイデアは大変ユニークで，電子顕微鏡のみならず，研究段階にあったX線顕微鏡でも注目された．ところが，電子顕微鏡においてもX線顕微鏡においても，ガボールの手法では実用的な再生像を得ることができなかった．干渉縞を生成するためには波面がそろった電子線や光源が必要であったが，満足できるものが当時は存在していなかったためである．ガボールの最初の実験では，水銀灯をピンホールで整形した光源を用いた．

　ガボールは，ホログラフィが理論的には正しいことを証明した．しかし，実用にはならないことも示されていた．そして，ホログラフィは忘れ去られていく．

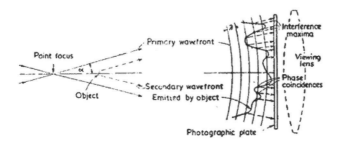

ガボールの実験装置

[*Nature*, 161:777–778, 1948 より転載]

ガボールが得たホログラフィ再生像

[*Nature*, 161:777–778, 1948 より転載]

STORY 4　レーザーとホログラフィ

　ホログラフィは可干渉性光源であるレーザーの誕生とともに爆発的な発展を遂げる．日本におけるホログラフィ研究のさきがけの 1 人である辻内順平は，当時のことをいくつかの著書で回顧している．そこには，ホログラフィとレーザーの出会いがいかに衝撃的であったかが凝縮されている．

　ホログラフィが発明されたのは 1947 年で，レーザーは 1960 年である．辻内がホログラフィと初めて出会ったのは，ヨーロッパに留学していた 1959 年だったという．大変強い印象を受け，留学先でいろいろ調べてみたが，なかなか要領をつかめない．1960 年に帰国してからも折に触れて文献を読んでいるうちに原理が理解できるようになり，「*すばらしい技術だと思うと同時に，再生された直接・共役の二つの像が重なることから，なかなか実用にはなりそうもないことがわかり，ホログラフィーは面白いが幻の技術だと思ってそのままにしておいた*」（辻内順平．ホログラフィー．裳華房，1997 より）．

　ガボールの発明はインラインホログラムだったので，虚像と実像が重なって，原理的にきれいな再生像が得られない．そのことは発明直後から指摘されていた．15 年が経った 1962 年，ミシガン大学のリース（E.N. Leith; 1927–2005）とウパトニークス（J. Upatnieks; 1936–）がオフアクシスホログラムを提案し，この欠点を克服した．ただ，実験で使用した光源はガボールと同様，水銀灯であった．辻内は次のような感想を残している．「*なるほどと思わせる魅力的なものであったが，最後に載っていた実験結果を見て，やはり駄目なのだと妙な安心感を覚えた*」（同上）．

　翌年，リースとウパトニークスは，水銀灯をレーザーに置き換えて，同じ実験を行った．そして，従来の常識を覆す見事な像を発表する．辻内は「*驚きと同時に『しまった！　やられた！』という後悔にも似た感じを味わったのを鮮やかに記憶している*」（同上）と回顧している．

　1950 年代，ホログラフィが「幻の技術」として研究が下火になったのは事実である．しかし，1950 年代，研究を続けていたかやめてしまったかは別にして，ホログラフィに大きな可能性を感じていた研究者は世界中にいた．彼らが，辻内と同じような衝撃を受けたのは想像に難くない．それほど，ホログラフィとレーザーの出会いは強烈であり，それ以降の驚異的な発展につながっていく．

　ここで科学史的に興味深いのは，オフアクシスホログラムが開発されてから，

世界が驚嘆したリースとウパトニークスによるレーザー光源を用いて行ったホログラフィ再生像

[Reprinted with permission from OSA. (*J. Opt. Soc. Am.*, 54:1295–1301, 1964)]

レーザーが使用されたことである．当時を知らない研究者は，逆の印象をもちがちである．つまり，レーザーが使えるようになってホログラムの精度が格段に向上したので視域角が広がり，オフアクシスホログラムが誕生したという認識である．

実際に発表された順序は逆だった．最初のオフアクシスホログラムは水銀灯で実験された．つまり，レーザーの発明に関係なく，オフアクシスホログラムは開発されたのである．停滞期の研究テーマに取り組み続けた研究者がいた．彼らはそこに最新技術の適用を試み，そして歴史に残る成果を上げたのである．

(追記) 2006 年，米国光学会 (Optical Society of America: OSA) は Emmett N. Leith メダルを創設し，2008 年から毎年 1 人に授与している．2017 年，10 人目の受賞者として辻内順平が選出された．オフアクシスホログラムに驚嘆したまさにそのとき (1958–1960) に行っていた先駆的な研究が評価されての受賞だった．日本の研究者としては初めての栄誉となっている．(*HODIC Circular*, 37 (1): 40–41, 2017)

第3章 回折

高校物理の教科書では，**回折**は小さなスリットに光を当てたときに光が広がる現象として紹介されている．コンピュータホログラフィにおける回折の役割は，例えば，3次元物体から発する光波の計算に使用したり，ホログラムに記録された3次元情報を復元する際に使用され，コンピュータホログラフィで最も重要な計算となっている．回折は数学的には回折積分で表現される．回折積分は本来はマクスウェルの方程式から丁寧に算出されるが，ここではこの導出は他書[14]に譲り，本章では直感的な理解を優先する．

3.1 ゾンマーフェルト回折積分

回折積分は**図3.1**に示すように，面 (x_1, y_1) から面 (x_2, y_2) への光の伝搬を記述する．例えば，スリットを表現する関数を面 (x_1, y_1) に設定すれば，面 (x_2, y_2) での回折パターンを計算することができる．スリットに限らず，面 (x_1, y_1) の開口パターン（図では五角形）は任意の形状のものを設定することができ，その形状を $u_1(x_1, y_1)$ と書く．図3.1の左側から入射された光は $u_1(x_1, y_1)$ によって回折が起こり，面 (x_2, y_2) 上で回折像を観測する．回折積分にはさまざまな方法があるが，**ゾンマーフェルト回折積分**を出発点として，コンピュータホログラフィでよく使用される各種の回折積分を導く．

ゾンマーフェルト回折積分は以下のように表現される．

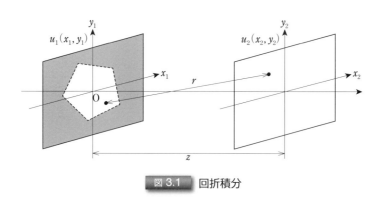

図3.1 回折積分

$$u_2(x_2, y_2) = \frac{1}{i\lambda} \int \int u_1(x_1, y_1) \frac{\exp(ikr)}{r} \cos(\theta) dx_1 dy_1 \tag{3.1}$$

ここで，r は (x_1, y_1) と (x_2, y_2) 間の距離で $r = \sqrt{(x_2-x_1)^2 + (y_2-y_1)^2 + z^2}$，$k = 2\pi/\lambda$ は波数を表す．(3.1) 式は $u_1(x_1, y_1)$ の各点から発する球面波 $\frac{\exp(ikr)}{r}$ を重ね合わせることで，$u_2(x_2, y_2)$ の 1 点を計算できることを意味している．$1/i\lambda$ の $1/\lambda$ は波面の振幅の減衰を意味し，$1/i = -i = \exp(-i\pi/2)$ なので波面が $\pi/2$ の位相遅れをもつことを意味する．$\cos(\theta)$ は**傾斜因子**と呼ばれ，角度 θ（図 3.1 の r と $u_1(x_1, y_1)$ の法線がなす角）が大きくなるにつれて球面波 $\frac{\exp(ikr)}{r}$ の振幅を減衰させる効果をもつ．傾斜因子は $\cos(\theta) = z/r$ と書けるので，ゾンマーフェルト回折積分は，

$$u_2(x_2, y_2) = \frac{1}{i\lambda} \int \int u_1(x_1, y_1) \frac{\exp(ikr)}{r} \frac{z}{r} dx_1 dy_1 \tag{3.2}$$

とも書ける．

3.2 角スペクトル法（平面波展開）

角スペクトル法（**平面波展開**とも呼ばれる）はコンピュータホログラフィでよく使われる回折計算で，(3.2) 式から導出できる．角スペクトル法を導出するには，フーリエ変換の定理の一つである**畳み込み定理**（付録参照）を使う．本書では 2 次元フーリエ変換を，

$$\begin{aligned} U(f_x, f_y) &= \int_{-\infty}^{\infty} \int_{-\infty}^{\infty} u(x, y) \exp(-i2\pi(f_x x + f_y y)) dx dy \\ &= \mathcal{F}\Big[u(x, y)\Big] \end{aligned} \tag{3.3}$$

2 次元逆フーリエ変換を

$$\begin{aligned} u(x, y) &= \int_{-\infty}^{\infty} \int_{-\infty}^{\infty} U(f_x, f_y) \exp(i2\pi(f_x x + f_y y)) df_x df_y \\ &= \mathcal{F}^{-1}\Big[U(f_x, f_y)\Big] \end{aligned} \tag{3.4}$$

と定義する[1]．ここで，$\mathcal{F}[\cdot]$，$\mathcal{F}^{-1}[\cdot]$ はフーリエ変換，逆フーリエ変換を表す演算子，(f_x, f_y) は周波数領域での座標を表す．

---

[1] フーリエ変換や逆フーリエ変換の積分の前に $1/2\pi$ や $1/\sqrt{2\pi}$ といった係数がかかる定義もあるが，本書では考慮しない．

畳み込み積分は一般に以下のような形をしており，フーリエ変換を使って計算できる．

$$\begin{aligned} u_2(x_2, y_2) &= \int_{-\infty}^{\infty} \int_{-\infty}^{\infty} u_1(x_1, y_1) h(x_2 - x_1, y_2 - y_1) dx_1 dy_1 \\ &= u_1(x_1, y_1) \otimes h(x_1, y_1) \\ &= \mathcal{F}^{-1}\left[\mathcal{F}\left[u_1(x_1, y_1)\right] \mathcal{F}\left[h(x_1, y_1)\right]\right] \\ &= \mathcal{F}^{-1}\left[\mathcal{F}\left[u_1(x_1, y_1)\right] H(f_x, f_y)\right] \end{aligned} \quad (3.5)$$

$h(x_1, y_1)$ は**インパルス応答**と呼ばれ，線形システムにデルタ関数を入力したときのシステムの応答を，$\otimes$ は畳み込み積分の演算子を意味する．$H(f_x, f_y) = \mathcal{F}\left[h(x_1, y_1)\right]$ は**伝達関数**と呼ばれる．

これを (3.2) 式に適用すると，

$$u_2(x_2, y_2) = \mathcal{F}^{-1}\left[\mathcal{F}\left[u_1(x_1, y_1)\right] \mathcal{F}\left[\frac{z}{i\lambda} \frac{\exp(ikr)}{r^2}\right]\right] \quad (3.6)$$

が得られる．

ここで，伝達関数 $H(f_x, f_y) = \mathcal{F}\left[\frac{z}{i\lambda} \frac{\exp(ikr)}{r^2}\right]$ は解析的に求めることができ，

$$H(f_x, f_y) = \mathcal{F}\left[\frac{z}{i\lambda} \frac{\exp(ikr)}{r^2}\right] = \exp\left(i2\pi z \sqrt{\frac{1}{\lambda^2} - f_x^2 - f_y^2}\right) \quad (3.7)$$

と計算できる[2]．結局，角スペクトル法は以下で表される．

$$\begin{aligned} u_2(x_2, y_2) &= \mathcal{F}^{-1}\left[\mathcal{F}\left[u_1(x_1, y_1)\right] \exp\left(i2\pi z \sqrt{\frac{1}{\lambda^2} - f_x^2 - f_y^2}\right)\right] \\ &= \mathcal{F}^{-1}\left[U(f_x, f_y) \exp\left(i2\pi z \sqrt{\frac{1}{\lambda^2} - f_x^2 - f_y^2}\right)\right] \end{aligned} \quad (3.8)$$

ここで，

$$\begin{aligned} U(f_x, f_y) &= \mathcal{F}\left[u_1(x_1, y_1)\right] \\ &= \int\int u_1(x_1, y_1) \exp(-2\pi i(f_x x_1 + f_y y_1)) dx_1 dy_1 \end{aligned} \quad (3.9)$$

---

[2] 詳しい導出は，例えば文献[15] に詳しい．

は**角スペクトル**と呼ばれる．3.2.1 節で詳しく述べるが，(3.9) 式で算出された各々のスペクトル $U(f_x, f_y)$ はそのスペクトル $U(f_x, f_y)$ に応じた角度に伝搬する平面波の振幅成分と解釈できるため，角スペクトルと呼ばれている．

(3.8) 式で $f_x^2 + f_y^2 > \frac{1}{\lambda^2}$ の場合，$\exp\left(-2\pi z \sqrt{f_x^2 + f_y^2 - \frac{1}{\lambda^2}}\right)$ となる．これは**エバネッセント光**（**近接場光**）と呼ばれ，z が増加すると指数関数的に減衰する（虚数単位 i がないことに注意）．この光は蛍光顕微鏡の画像鮮明化などで使われるが，本書では特に取り扱わない．

角スペクトル法は (3.2) 式に対して近似をまったくせずに，フーリエ変換を使って計算することができる点で重要である．角スペクトル法をコンピュータで計算する場合は高速フーリエ変換を使うことができるため，計算時間の点でも有利になる．

3.2.1 角スペクトルの解釈

角スペクトル法は回折計算が平面波の重ね合わせで表現できるという物理的な解釈を与えてくれる点でも重要である．角スペクトル（(3.9) 式）の逆フーリエ変換をとると，

$$u_1(x_1, y_1) = \mathcal{F}^{-1}\left[U(f_x, f_y)\right]$$
$$= \int\int U(f_x, f_y) \exp(2\pi i(f_x x_1 + f_y y_1)) df_x df_y \quad (3.10)$$

と書ける．

1 章で見たように，波数ベクトル $\mathbf{k} = (k_x, k_y, k_z) = (k\cos\alpha, k\cos\beta, k\cos\gamma)$ 方向に進む振幅 a の平面波は式 (1.9) より

$$u(x, y, z) = a\exp(i(\mathbf{k}\cdot\mathbf{x})) = a\exp(i(k_x x + k_y y + k_z z)) \quad (3.11)$$

と書ける．位置 $(x_1, y_1, 0)$ での $u(x, y, z)$ を $u(x_1, y_1, 0) = u(x_1, y_1)$ とし，(3.10) 式と (3.11) 式を対比させてみると，$u_1(x_1, y_1)$ は振幅が角スペクトル $U(f_x, f_y)$ のさまざまな空間周波数をもつ平面波の和として表現されていることがわかる．波数ベクトルと空間周波数は，

$$u(x_1, y_1) = U(f_x, f_y)\exp(2\pi i(f_x x_1 + f_y y_1)) = a\exp(i(k_x x_1 + k_y y_1)) \quad (3.12)$$

から，

$$\cos\alpha = \lambda f_x, \quad \cos\beta = \lambda f_y, \quad \cos\gamma = \sqrt{1 - (\lambda f_x)^2 - (\lambda f_y)^2} \quad (3.13)$$

の関係にある．(3.13) 式の第 3 式は $|\mathbf{k}| = k\sqrt{k_x^2 + k_y^2 + k_z^2}$ の関係から導ける．

(3.8) 式は，

$$
\begin{aligned}
u_2(x_2, y_2) &= \mathcal{F}^{-1}\left[U(f_x, f_y)\exp\left(i2\pi z\sqrt{\frac{1}{\lambda^2} - f_x^2 - f_y^2}\right)\right] \\
&= \int\int U(f_x, f_y)\exp\left(i2\pi z\sqrt{\frac{1}{\lambda^2} - f_x^2 - f_y^2}\right) \\
&\quad \times \exp(2\pi i(f_x x_2 + f_y y_2))df_x df_y \\
&= \int\int \underbrace{U(f_x, f_y)}_{\text{伝搬元の角スペクトル}} \times \underbrace{\exp(ikz\gamma)}_{\text{角スペクトル（伝搬元）を } z \text{ だけ伝搬}} \\
&\quad \times \underbrace{\exp(2\pi i(f_x x_2 + f_y y_2))}_{\text{伝搬先の平面波}} df_x df_y \qquad (3.14)
\end{aligned}
$$

と書けるが，これは $u_1(x_1, y_1)$ の角スペクトルで表される各平面波が $u_2(x_2, y_2)$ 面まで到達したときの和が $u_2(x_2, y_2)$ 面となることを示唆している．$\exp(ikz\gamma)$ は伝搬元の角スペクトル U を z だけ離れた位置での角スペクトルに変換する効果をもつ．角スペクトル法が平面波展開と呼ばれる所以である．

3.3 フレネル回折

角スペクトル法と同様，**フレネル回折**もコンピュータホログラフィで重要な役割を担っている．フレネル回折は (3.2) 式に対して近似を取り入れることで導出できる．角スペクトル法は近似を取り入れていないのでどのような場合でも使えそうだが，実際に数値計算する場合は誤差の関係から，伝搬距離の小さい領域は角スペクトル法，より遠方ではフレネル回折という使い分けがなされる．詳しくは 3.6.4 節を参照されたい．

2.2.3 節で解説したように，(3.2) 式の exp 項の中の距離 r はテイラー展開を使って以下のように近似できる．

$$
\begin{aligned}
r &= z\sqrt{1 + \frac{(x_2 - x_1)^2 + (y_2 - y_1)^2}{z^2}} \\
&\approx z + \frac{(x_2 - x_1)^2 + (y_2 - y_1)^2}{2z} - \frac{((x_2 - x_1)^2 + (y_2 - y_1)^2)^2}{8z^3} + \cdots
\end{aligned}
\qquad (3.15)
$$

光学の分野では，この近似式の第2項までを使って距離を近似することを**フレネル近似**（もしくは**近軸近似**）という．また，exp 項の中の距離 r は光の位相に関連するため (3.15) 式により比較的正確に計算する必要があるが，その他の r は振幅のみに影響するので大雑把に $r \approx z$ としても差し支えない．これらの近似を (3.2) 式に取り入れると，

$$\begin{aligned} u_2(x_2, y_2) &= \frac{1}{i\lambda} \iint u_1(x_1, y_1) \frac{\exp(ikr)}{r} \frac{z}{r} dx_1 dy_1 \\ &\approx \frac{1}{i\lambda} \iint u_1(x_1, y_1) \frac{\exp(ik(z + \frac{(x_2-x_1)^2 + (y_2-y_1)^2}{2z}))}{z} \frac{z}{z} dx_1 dy_1 \end{aligned} \quad (3.16)$$

と書ける．最終的にフレネル回折は以下のように書くことができる．

$$\begin{aligned} u_2(x_2, y_2) = \frac{\exp(i\frac{2\pi}{\lambda}z)}{i\lambda z} \iint_{-\infty}^{+\infty} u_1(x_1, y_1) \\ \times \exp(i\frac{\pi}{\lambda z}((x_2-x_1)^2 + (y_2-y_1)^2))dx_1 dy_1 \quad (3.17) \end{aligned}$$

フレネル近似が成り立つ z は，(3.15) 式の第3項以降が λ より十分小さければよいので，

$$\lambda \gg \frac{((x_2-x_1)^2 + (y_2-y_1)^2)^2}{8z^3} \quad (3.18)$$

となる．例えば波長 $\lambda = 600\,\text{nm}$，最大範囲を $|x_2 - x_1|_{\max} = 1\,\text{cm}$, $|y_2 - y_1|_{\max} = 1\,\text{cm}$ とした場合,

$$z^3 \gg \frac{((1\,\text{cm})^2 + (1\,\text{cm})^2)^2}{8 \times 600\,\text{nm}} = \frac{4 \times 10^{-8}}{4.8 \times 10^{-6}}\,\text{m}^3 = \frac{10^{-2}}{1.2}\,\text{m}^3 \quad (3.19)$$

となるため，

$$z \gg (\frac{10^{-2}}{1.2}\,\text{m}^3)^{\frac{1}{3}} \approx 0.2\,\text{m} \quad (3.20)$$

となる．よって，$z \gg 0.2\,\text{m}$ とすればフレネル近似がよく成り立つことになる．

実際にコンピュータでフレネル回折を計算する場合，計算時間の観点から (3.17) 式を直接，数値積分することはあまりなく，次に紹介するいずれかの形式で計算する．

3.3.1 畳み込み表現でのフレネル回折

畳み込み表現でのフレネル回折は角スペクトル法と同様，畳み込み定理を

使って以下のように表現される．

$$u_2(x_2, y_2) = \frac{\exp(i\frac{2\pi}{\lambda}z)}{i\lambda z} \iint_{-\infty}^{+\infty} u_1(x_1, y_1)$$
$$\times \exp(i\frac{\pi}{\lambda z}((x_2-x_1)^2 + (y_2-y_1)^2))dx_1 dy_1$$
$$= \frac{\exp(i\frac{2\pi}{\lambda}z)}{i\lambda z} \times u_1(x_1, y_1) \otimes \exp(i\frac{\pi}{\lambda z}(x_1^2 + y_1^2)) \quad (3.21)$$
$$= \frac{\exp(i\frac{2\pi}{\lambda}z)}{i\lambda z} \mathcal{F}^{-1}\left[\mathcal{F}\left[u_1(x_1, y_1)\right] \cdot \mathcal{F}\left[h_f(x_1, y_1)\right]\right] (3.22)$$

ここで，$h_f(x_1, y_1)$ は**インパルス応答**で，

$$h_f(x_1, y_1) = \exp(i\frac{\pi}{\lambda z}(x_1^2 + y_1^2)) \quad (3.23)$$

と定義した．

このインパルス応答 $h_f(x_1, y_1)$ と $\frac{\exp(i\frac{2\pi}{\lambda}z)}{i\lambda z}$ を乗じたもののフーリエ変換は解析的に求めることができ，

$$H_f(f_x, f_y) = \mathcal{F}\left[\frac{\exp(i\frac{2\pi}{\lambda}z)}{i\lambda z} h_f(x_1, y_1)\right]$$
$$= \exp(i\frac{2\pi}{\lambda}z)\exp(-i\pi\lambda z(f_x^2 + f_y^2)) \quad (3.24)$$

となる．ここで，f_x, f_y は周波数領域での座標を意味する．この場合の畳み込み表現でのフレネル回折は，

$$u_2(x_2, y_2) = \mathcal{F}^{-1}\left[\mathcal{F}\left[u_1(x_1, y_1)\right] H_f(f_x, f_y)\right] \quad (3.25)$$

と書ける．

(3.25) 式を数値計算する場合，角スペクトル法と同様の理由により伝搬距離の短い領域にのみ適用可能である．詳しくは 3.6.4 節を参照されたい．遠距離での回折計算には (3.22) 式を使う．

3.3.2 フーリエ変換表現でのフレネル回折

フーリエ変換表現でのフレネル回折は 1 回のフーリエ変換を使って，以下のように表現される．

$$u_2(x_2, y_2) = \frac{\exp(i\frac{2\pi}{\lambda}z)}{i\lambda z} \iint_{-\infty}^{+\infty} u_1(x_1, y_1)$$

$$\times \exp(i\frac{\pi}{\lambda z}((x_2-x_1)^2+(y_2-y_1)^2))dx_1 dy_1$$
$$= \frac{\exp(i\frac{2\pi}{\lambda}z)}{i\lambda z}\iint_{-\infty}^{+\infty} u_1(x_1,y_1)$$
$$\times \exp(i\frac{\pi}{\lambda z}(x_2^2-2x_2 x_1+x_1^2+y_2^2-2y_2 y_1+y_1^2))dx_1 dy_1$$
$$= \frac{\exp(i\frac{2\pi}{\lambda}z)}{i\lambda z}\exp(i\frac{\pi}{\lambda z}(x_2^2+y_2^2))$$
$$\times \iint_{-\infty}^{+\infty} u_1(x_1,y_1)\exp(i\frac{\pi}{\lambda z}(x_1^2+y_1^2))$$
$$\times \exp(-2\pi i(\frac{x_2 x_1}{\lambda z}+\frac{y_2 y_1}{\lambda z}))dx_1 dy_1 \tag{3.26}$$

ここで新たに $u_1'(x_1,y_1)$ を，

$$u_1'(x_1,y_1)=u_1(x_1,y_1)\exp(i\frac{\pi}{\lambda z}(x_1^2+y_1^2)) \tag{3.27}$$

と定義し，$\frac{x_2}{\lambda z}$, $\frac{y_2}{\lambda z}$ を新しい変数 x_2', y_2' と見立ててフーリエ変換を行うと，

$$u_2(x_2,y_2)=\frac{\exp(i\frac{2\pi}{\lambda}z)}{i\lambda z}\exp(i\frac{\pi}{\lambda z}(x_2^2+y_2^2))$$
$$\times \underbrace{\iint_{-\infty}^{+\infty} u_1'(x_1,y_1)\exp(-2\pi i(x_2' x_1+y_2' y_1))dx_1 dy_1}_{\text{フーリエ変換の定義式と同じ}}$$
$$= \frac{\exp(i\frac{2\pi}{\lambda}z)}{i\lambda z}\exp(i\frac{\pi}{\lambda z}(x_2^2+y_2^2))\mathcal{F}\left[u_1'(x_1,y_1)\right] \tag{3.28}$$

となり，フーリエ変換 1 回のみでフレネル回折を計算できる．

3.4 フラウンホーファ回折

フラウンホーファ回折は非常に遠方での回折像を計算する際に使用される．この回折計算は，フーリエ変換表現でのフレネル回折において (3.27) 式の exp の位相が

$$\frac{\pi}{\lambda z}(x_1^2+y_1^2) \ll 2\pi \tag{3.29}$$

であれば[3]，

---

[3] 位相の変化が 2π より非常に小さい（ほぼ 0 rad）と見なせる距離の回折がフラウンホーファ回折である．

$$\exp(i\frac{\pi}{\lambda z}(x_1^2 + y_1^2)) \approx 1 \tag{3.30}$$

と近似できる．フラウンホーファ回折は (3.28) 式より，

$$u_2(x_2, y_2) = \frac{\exp(i\frac{2\pi}{\lambda}z)}{i\lambda z} \exp(i\frac{\pi}{\lambda z}(x_2^2 + y_2^2))\mathcal{F}\Big[u_1(x_1, y_1)\Big] \tag{3.31}$$

である．フラウンホーファ回折が成り立つ z は (3.29) 式より，

$$z \gg \frac{x_1^2 + y_1^2}{2\lambda} \tag{3.32}$$

となる．例えば波長 $\lambda = 600\,\text{nm}$，最大範囲を $|x_1|_{\max} = 1\,\text{cm}$，$|y_1|_{\max} = 1\,\text{cm}$ とした場合，

$$z \gg \frac{(1\,\text{cm})^2 + (1\,\text{cm})^2}{2 \times 600\,\text{nm}} = \frac{2 \times 10^{-4}}{1.2 \times 10^{-6}}\,\text{m} \approx 170\,\text{m} \tag{3.33}$$

とすればフラウンホーファ回折はよく成り立つが，この条件では実際にフラウンホーファ回折の観察実験を行うのは困難である．レンズの焦点面の回折パターンはフラウンホーファ回折となることが知られているため，実験ではレンズがよく使用される．一方，範囲を $|x_1| = 0.5\,\text{mm}$，$|y_1| = 0.5\,\text{mm}$ にした場合は，$z \gg 0.4\,\text{m}$ になるのでレンズを使わずにフラウンホーファ回折を観察できる．

3.5 回折計算の演算子

ホログラフィでは回折計算を多用するため，回折の積分式をいちいち記述するのは冗長な場合がある．その際，回折計算を表す**演算子**を導入すると表記を簡略化することができる．演算子の統一された表記法はないが，伝搬は英語で propagation なので先頭の 4 文字をとって本書では演算子 $\text{Prop}_z[\cdot]$ と記述する．例えば距離 z だけ伝搬するフレネル回折は以下のように表す．

$$\begin{aligned}
u_2(x_2, y_2) &= \text{Prop}_z[u_1(x_1, y_1)] \\
&= \frac{\exp(i\frac{2\pi}{\lambda}z)}{i\lambda z} \iint_{-\infty}^{+\infty} u_1(x_1, y_1) \\
&\quad \times \exp(i\frac{\pi}{\lambda z}((x_2 - x_1)^2 + (y_2 - y_1)^2))dx_1 dy_1
\end{aligned} \tag{3.34}$$

また，**回折計算の演算子**が以下の性質をもつことを知っておくと便利で

ある.

$$\begin{aligned}
\text{Prop}_z[u_a(x,y) + u_b(x,y)] &= \text{Prop}_z[u_a(x,y)] + \text{Prop}_z[u_b(x,y)] \\
\text{Prop}_z[c\, u(x,y)] &= c\text{Prop}_z[u(x,y)] \\
\text{Prop}_{z_1+z_2}[u(x,y)] &= \text{Prop}_{z_2}[\text{Prop}_{z_1}[u(x,y)]]
\end{aligned} \quad (3.35)$$

(3.35) 式の第 1 式と第 2 式は演算子の線形性を表している.

3.6 回折の数値計算

ここでは，3.3 節で紹介した積分形式のフレネル回折（(3.17) 式）と畳み込み表現でのフレネル回折（(3.21) 式）を C 言語で数値計算する方法を説明する．(3.17) 式，(3.21) 式は簡単な式ではあるが，実装時に以下の点に留意する必要がある．以下では，留意すべき点それぞれについて説明する．

・離散化
・プログラムでの複素数の取り扱い
・ゼロパディング
・高速フーリエ変換と象限交換

3.6.1 離散化

まず，積分形式のフレネル回折（(3.17) 式）の実装から考えてみよう．その式を再掲する．

$$u_2(x_2, y_2) = \frac{\exp(i\frac{2\pi}{\lambda}z)}{i\lambda z} \int_{-\infty}^{+\infty}\int_{-\infty}^{+\infty} u_1(x_1, y_1)$$
$$\times \exp(i\frac{\pi}{\lambda z}((x_2-x_1)^2 + (y_2-y_1)^2))dx_1 dy_1 \quad (3.36)$$

フレネル回折の座標 $(x_1, y_1), (x_2, y_2)$ はアナログ値なので，コンピュータで計算するときには**図 3.2** のようにデジタル化（**離散化**）する必要がある．伝搬元，伝搬先ともに $N \times N$ 画素でサンプリングされた場合は，座標は，

$$x_1 = pm_1, \quad y_1 = pn_1, \quad x_2 = pm_2, \quad y_2 = pn_2 \quad (3.37)$$

と書ける．ここで，p は**サンプリング間隔**（サンプリングピッチともいう）で，ここでは縦横ともに同じ間隔とした．m_1, n_1, m_2, n_2 は離散化された座

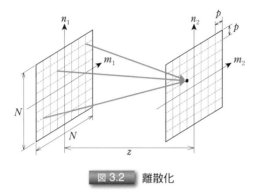

図 3.2 離散化

標で以下のような整数値をとる．

$$-\frac{N}{2} \leq m_1 \leq \frac{N}{2}-1, \quad -\frac{N}{2} \leq n_1 \leq \frac{N}{2}-1 \\ -\frac{N}{2} \leq m_2 \leq \frac{N}{2}-1, \quad -\frac{N}{2} \leq n_2 \leq \frac{N}{2}-1 \quad (3.38)$$

積分記号 $\int_{-\infty}^{+\infty}$ は $\sum_{-N/2}^{N/2-1}$ に置き換えることができ，$dx_1 dy_1 \approx p^2$ なので，離散化されたフレネル回折の計算式は

$$u_2(m_2, n_2) = \frac{p^2 \exp(i\frac{2\pi}{\lambda}z)}{i\lambda z} \sum_{n_1=-\frac{N}{2}}^{\frac{N}{2}-1} \sum_{m_1=-\frac{N}{2}}^{\frac{N}{2}-1} u_1(m_1, n_1)$$

$$\times \exp(\frac{i\pi p^2}{\lambda z}((m_2-m_1)^2 + (n_2-n_1)^2)) \quad (3.39)$$

となる．図 3.2 のように，伝搬先の 1 点 (m_2, n_2) を計算するには，伝搬元の各サンプリング点から発する光をすべて足し合わせる必要がある．ある距離 z の回折の強度パターンを見たいときは，$u_2(m_2, n_2)$ の絶対二乗をとればよい．このとき，(3.39) 式の係数は z を定数として扱うので，$\left|\frac{p^2 \exp(i\frac{2\pi}{\lambda}z)}{i\lambda z}\right|^2 =$ 定数となり本質的でないため，以降ではこの計算を省略する．

$u_1(m_1, n_1)$，$u_2(m_2, n_2)$ はともに複素数であることに注意する．プログラムで複素数を扱う場合は，複素数の実数部と虚数部を別々の変数で取り扱えばよい．定義の仕方はいろいろあるが，本書では後述する高速フーリエ変換ライブラリ [4] に定義されている複素数型（**fftw_complex**）を使う．この複素数型は 2 要素の配列で定義されており，配列のインデックス 0 が実数部，インデックス 1 が虚数部となっている（**リスト 3.1**）．

---

[4] FFTW(Fastest Fourier Transform in the West)

リスト 3.1 ：複素数の定義

```
1  typedef double fftw_complex[2];
```

また $u_1(m_1, n_1)$ と $\exp(\cdot)$ の複素乗算も必要になる．例えば，複素数 $c = a \times b$ の複素乗算は**リスト 3.2** のように書けばよい．

リスト 3.2 ：複素乗算の例．複素数 $c = a \times b$ を計算する．

```
1  fftw_complex a,b,c;
2  c[0] = a[0] * b[0] - a[1] * b[1];
3  c[1] = a[0] * b[1] + a[1] * b[0];
```

よって図 3.2 を直接計算するフレネル回折のソースコードは**リスト 3.3** のようになる．

リスト 3.3 ：積分形式のフレネル回折

```
1  fftw_complex* fresnel_direct(
2    fftw_complex *u, int N, double lambda, double z,
         double p)
3  {
4    fftw_complex *u2 = (fftw_complex*)malloc(sizeof(
         fftw_complex)*N*N);
5
6    for (int n2 = 0; n2 < N; n2++){
7      for (int m2 = 0; m2 < N; m2++){
8        fftw_complex tmp;
9        tmp[0] = 0.0;
10       tmp[1] = 0.0;
11       for (int n1 = 0; n1 < N; n1++){
12         for (int m1 = 0; m1 < N; m1++){
13           int idx1 = m1 + n1*N;
14           double dx = ((m2 - N / 2) - (m1 - N / 2))*p;
15           double dy = ((n2 - N / 2) - (n1 - N / 2))*p;
16           double phase = (dx*dx + dy*dy)*M_PI / (lambda
                 *z);
17           fftw_complex e, t;
18           e[0] = cos(phase);
19           e[1] = sin(phase);
20           t[0] = u[idx1][0];
```

3.6 回折の数値計算

```
21            t[1] = u[idx1][1];
22
23            tmp[0] += t[0] * e[0] - t[1] * e[1];
24            tmp[1] += t[0] * e[1] + t[1] * e[0];
25          }
26        }
27        int idx2 = m2 + n2*N;
28        u2[idx2][0] = tmp[0];
29        u2[idx2][1] = tmp[1];
30      }
31    }
32
33    free(u);
34    return u2;
35  }
```

関数 fresnel_direct は伝搬元のデータが格納された配列へのポインタを与えるとフレネル回折計算を行い，戻り値として回折計算結果が入った配列へのポインタを返す．lambda, z, p はそれぞれ波長，伝搬距離，サンプリング間隔で，すべてメートル単位で数値を設定する[5]．座標を表すループ変数 m_2, n_2, m_1, n_1 から $N/2$ を引くことで，計算領域中央に原点をおく．

このように実際にフレネル回折のプログラムを書くと，4重の繰り返し文 (for 文) が必要になる．数値計算では繰り返し文が計算時間に大きく影響する．$N \times N$ 画素の場合は，伝搬先全体を計算するのに N^4 に比例するループ回数が必要になるため，とても計算時間がかかる．

光強度（強度パターン）を見たいときは，計算した $u_2(m_2, n_2)$ の絶対二乗をとればよい．計算した $u_2(m_2, n_2)$ の絶対二乗は**リスト 3.4** のように書けばよい．

リスト 3.4 ：光強度

```
1  void intensity(fftw_complex *u, int N)
2  {
3    for (int i = 0; i<N*N; i++){
4      double re = u[i][0];
5      double im = u[i][1];
```

---

[5] 円周率には C 言語の標準数学ライブラリ math.h に定義されている M_PI を使用している．

```
6      u[i][0]=re*re + im*im;
7    }
8  }
```

光強度は複素数の配列 u の実数部に格納される．

3.6.2 FFT を用いた畳み込み表現でのフレネル回折の実装

次に，畳み込み表現でのフレネル回折（(3.21) 式）の実装を考えてみよう．その式を再掲する．

$$\begin{aligned}
u_2(x_2, y_2) &= \frac{\exp(i\frac{2\pi}{\lambda}z)}{i\lambda z} \times u_1(x_1, y_1) \otimes \exp(i\frac{\pi}{\lambda z}(x_1^2 + y_1^2)) \\
&= \frac{\exp(i\frac{2\pi}{\lambda}z)}{i\lambda z} \times \mathcal{F}^{-1}\left[\mathcal{F}\left[u_1(x_1, y_1)\right] \cdot \mathcal{F}\left[h_f(x_1, y_1)\right]\right]
\end{aligned} \tag{3.40}$$

ここで，インパルス応答 $h_f(x_1, y_1)$ は以下のように定義した．

$$h_f(x_1, y_1) = \exp(i\frac{\pi}{\lambda z}(x_1^2 + y_1^2)) \tag{3.41}$$

(3.40) 式は，畳み込み積分ではあるが最終的にフーリエ変換で記述することができる．フーリエ変換をコンピュータで計算するときは**高速フーリエ変換**（**FFT**）と呼ばれる高速なアルゴリズムが知られており，1 次元の FFT の計算回数はサンプル数が N 点のとき，$N \log_2 N$ であり，2 次元の場合（$N \times N$ サンプル）は $N^2 \log_2 N$ である．(3.36) 式のフレネル回折では N^4 回の計算が必要であったが，FFT を使ったフレネル回折では大幅に計算回数を減らすことができる．FFT を使った場合と使わなかった場合の計算量の比は，

$$\frac{N^2 \log_2 N}{N^4} = \frac{\log_2 N}{N^2} \tag{3.42}$$

なので，例えば $N = 1,024 (= 2^{10})$ のときは，計算量の比は $10/1024^2 \approx 1/10^5$ となり，概算で 10 万分の 1 程度にまで計算量が減ることがわかる．

FFT を使用した畳み込み計算は以下に注意して実装する必要がある．

・循環畳み込みと直線畳み込み
・FFT の周期性
・FFT で得られたスペクトルの低周波成分と高周波成分の位置

(1) 直線畳み込みと循環畳み込み

ここでは，話を簡単にするため FFT を使った 1 次元の畳み込みについて考えてみよう．

$$u_2(m_2) = u_1(m_1) \otimes h(m_1) \tag{3.43}$$

$$= \sum_{m_1=-N/2}^{N/2} u_1(m_1) h(m_2 - m_1) \tag{3.44}$$

$$= \mathrm{FFT}^{-1}\left[\mathrm{FFT}\left[u_1(m_1)\right] \mathrm{FFT}\left[h(m_1)\right]\right] \tag{3.45}$$

(3.44) 式を使って**図 3.3**(a) と (b) の畳み込みを計算した場合，(c) のようになる．これは**直線畳み込み**と呼ばれ，正しい結果を得ることができる．

一方，(3.45) 式を使って畳み込み計算をする場合は，注意が必要である．FFT はフーリエ変換を計算するものだが，その実体はフーリエ級数に近い．そのため，例えば，(b) の $u_1(m_1)$ を扱う場合，無限に続く正弦波で $u_1(m_1)$ を表現するため，(d) のように周期的に無限に繰り返されることになる．無限に続く $u_1(m_1)$ と $h(m_1)$ を畳み込んだ場合，$h(m_1)$ の端が，(e) のように計算結果の反対側の端に回り込む現象が発生する．このような畳み込みを**循環畳み込み**といい，回り込みが計算結果に重畳され (c) と比べると計算結果がおかしくなってしまう．

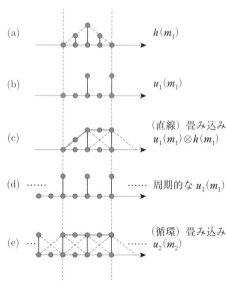

図 3.3 直線畳み込みと循環畳み込み

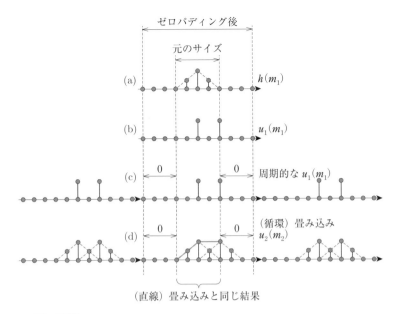

図 3.4 ゼロパディングによる循環畳み込みの直線畳み込みへの変換

これを避けるために，一般的には**ゼロパディング**（ゼロ埋め）と呼ばれるテクニックを使って回り込みを避け，直線畳み込みと同じ結果が得られるようにする．一般に $u_1(m_1)$ と $h(m_1)$ がそれぞれ N，L サンプルの場合，$N + L - 1$ サンプル以上になるようにゼロを付け加えれば，回り込みの影響をなくすことができる（**図 3.4**(a) のように拡張．$h(m_1)$ も同様に拡張）．この状態で畳み込みを行うと，図 3.4(d) のように回り込みは畳み込みの結果を得たい範囲には届かないため，計算結果に影響を与えない．最終的な計算結果から，必要な部分を抜き出せば，直線畳み込みと同じ結果が得られる．ゼロパディングの有無が回折計算の結果に与える影響については 3.6.3 節で示す．

(2) FFT の周期性

2 次元データを FFT で扱う場合は，1 次元のときと同様に，そのデータは**図 3.5** のように周期的に拡張されていると考える．FFT を使った 2 次元の畳み込みでも回り込みが発生するので，**図 3.6** のように 2 次元データが $N \times N$ のときには $2N \times 2N$ に拡張し，拡張した部分をゼロで埋めておく．

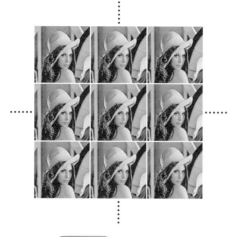

図 3.5 FFT の周期性

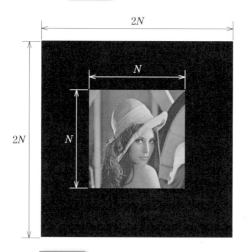

図 3.6 2 次元のゼロパディング

(3) FFT で得られたスペクトルの低周波成分と高周波成分の位置

2 次元データを FFT すると，**図 3.7** 左のようなスペクトルが得られる．その低周波成分と高周波成分の位置は，図 3.7 左のような位置関係になる．直流成分がスペクトル画像の座標 $(0,0)$ の位置に配置されており，スペクトル画像中央へいくほど高周波成分になる [6]．

---

[6] FFT の元の式は離散フーリエ変換 $F(m_2, n_2) = \sum \sum f(m_1, n_1) \exp(2\pi i(m_2 m_1 + n_2 n_1)/N)$ ($F(m_2, n_2)$ は周波数スペクトル，$f(m_1, n_1)$ は画像) だが，この式から直流成分 $((m_2, n_2) = (0, 0))$ がスペクトル画像の座標 $(0,0)$ の位置に配置されており，(m_2, n_2) が増加していくほど高周波成分を計算することになることがわかる．

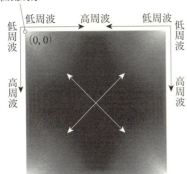

図 3.7 FFT のスペクトルの位置

このような配置では計算時に不便なこと（原点の不一致など）があるので，第1象限と第3象限の交換，第2象限と第4象限を矢印のように入れ替えると，図 3.7 右のようなスペクトルが得られる．この場合はスペクトル画像の中央が直流成分で端へ行くほど高周波となる．象限の入れ替えを**象限交換**といい，**FFT Shift** のような名前で，Matlab, Octave, Scilab などのプログラミング環境で標準的に用意されている．

ここまでを踏まえて，畳み込み表現でのフレネル回折を実装する．FFT による畳み込み表現でのフレネル回折は，

$$u_2(m_2, n_2) = \text{FFT}^{-1}\left[\text{FFT}\left[u_1(m_1, n_1)\right] \text{FFT}\left[\exp\left(\frac{i\pi p^2}{\lambda z}(m_1^2 + n_1^2)\right)\right]\right] \tag{3.46}$$

で図 3.8 の流れに沿って計算すればよい．

FFT は自前で実装してもよいが，効率的な実装は現在でも研究が続けられている分野で奥が深い．FFTW[16] や Kiss FFT[17] といったオープンソースの高性能なライブラリが世界中で開発されており，本書では数値計算の分野で標準的に使われている **FFTW**[7] を使用する．

(3.46) 式のインパルス応答 $\exp\left(\frac{i\pi p^2}{\lambda z}(m_1^2 + n_1^2)\right)$ は**リスト 3.5** で計算できる．

---

[7] Fastest Fourier Transform in the West の略．マサチューセッツ工科大学（MIT）で開発され，マルチスレッドやベクトル演算をサポートし，さまざまなコンピュータ環境で動作する高性能な FFT ライブラリである．他の FFT ライブラリも FFTW 互換のインターフェースを備えることが多い．

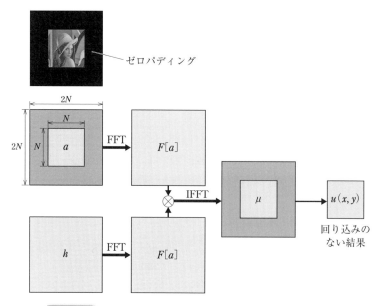

図 3.8 FFT による畳み込み表現でのフレネル回折の実装

リスト 3.5 : フレネル回折のインパルス応答 $h(m_1, n_1)$ の計算

```
1   void response(fftw_complex *h, int N, double lambda,
            double z, double p)
2   {
3     for (int n=0; n<N; n++){
4       for (int m = 0; m<N; m++){
5         int idx = m + n*N;
6         double dx = (m - N / 2)*p;
7         double dy = (n - N / 2)*p;
8         double phase = (dx*dx + dy*dy)*M_PI / (lambda*z);
9         h[idx][0] = cos(phase);
10        h[idx][1] = sin(phase);
11      }
12    }
13  }
```

　この関数の計算結果は fftw_complex 型のポインタで示される h に格納される．

　FFT と**逆 FFT** は FFTW ライブラリを使う場合，以下のようにすればよい．

リスト 3.6 : FFT と逆 FFT

```
1   void fft(fftw_complex *u1, fftw_complex *u2, int N)
2   {
3     fftw_plan plan = fftw_plan_dft_2d(
4       N, N, u1, u2, FFTW_FORWARD, FFTW_ESTIMATE);
5     fftw_execute(plan);
6     fftw_destroy_plan(plan);
7   }
8
9   void ifft(fftw_complex *u1, fftw_complex *u2, int N)
10  {
11    fftw_plan plan = (fftw_plan)fftw_plan_dft_2d(
12      N, N, u1, u2, FFTW_BACKWARD, FFTW_ESTIMATE);
13    fftw_execute(plan);
14    fftw_destroy_plan(plan);
15  }
```

FFTW の使い方は FFT のサイズなどを指定するプランの作成を行い（関数 **fftw_plan_dft_2d**），プランに従って FFT を実行（関数 **fftw_execute**），最後にプランの破棄（関数 **fftw_destroy_plan**）を行えばよい．FFTW_FORWARD と FFTW_BACKWARD で順 FFT，逆 FFT を切り替えることができる．

図 3.8 に従って，FFT による畳み込み表現でのフレネル回折を実装すると**リスト 3.7** のように書ける[8]．入力 u_1 はすでにゼロパディングしてあると仮定している．また，回折の結果は u_2 に格納されているが，中央の $N \times N$ を抽出したものが正しい計算結果となる．

リスト 3.7 : FFT による畳み込み表現でのフレネル回折

```
1   void fresnel_fft(fftw_complex *u1, int N, double
        lambda, double z, double p)
2   {
3     fft_shift(u1,N);
4     fft(u1, u1, N);
5
6     fftw_complex *u2 = (fftw_complex*)malloc(sizeof(
        fftw_complex)*N*N);
```

---

[8] 関数 fft_shift は象限交換，関数 mul_complex は複素乗算（複素数の配列の各要素の乗算），関数 mul_dbl はスカラー乗算．紙面の都合で掲載しないが配布されているソースコードを参照されたい．

```
 7      response(u2, N, lambda, z, p);
 8      fft_shift(u2, N);
 9      fft(u2, u2, N);
10
11      mul_complex(u1, u2, u1, N);
12      ifft(u1, u1, N);
13      fft_shift(u1, N);
14
15      mul_dbl(u1, 1.0 / (N*N), N);
16
17      free(u2);
18  }
```

3.6.3 回折計算の例

先ほど実装したFFTによるフレネル回折を使って,波長λが633 nm(赤色レーザーに相当)の平面波を矩形開口に照射し,開口から1 m離れた位置での回折パターンを計算してみよう.また,**ゼロパディング**の有無が計算結果に与える影響も一緒に見てみよう.

伝搬元,伝搬先の画素数を$1,024 \times 1,024$,サンプリング間隔を10 μmとした.伝搬元の開口部は50×50画素(物理的には500 μm × 500 μmの穴)とし他の部分は光を遮蔽する.図3.9右の回折強度パターンは実際にリスト3.7のソースコードで計算して得られた回折強度パターンであり,実験とよく一致する結果を得ることができる[9].

次に,ゼロパディングの効果を見てみよう[10].図3.10に開口が伝搬元の中央(図の(a))にある場合の回折強度パターンと位相パターンを示す.図3.10(b)のように,ゼロパディングがない場合の回折強度パターンの端に回り込みの影響が確認できる.位相パターンは回り込みの影響がさらに顕著であり,本来の位相パターンにはないはずの回り込みノイズが発生していることがわかる.これは,図3.10(c)のように開口から発した回折光の一部が観察領域を超えた場合,その超えた部分の回折光が反対側から回り込むために発生すると解釈できる.一方,ゼロパディングがある場合の回折強度パターンは回り込みの影響がない.これは,開口から発した回折光の一部が観察領域を超えるが,その超えた部分の回折光はゼロパディングの領域のため,観

---

[9] フレネル回折を行った結果は複素振幅なので,実際には得られた複素振幅から光の強度計算を行い画像化している.
[10] このシミュレーション条件は図3.9と同じものを使った.

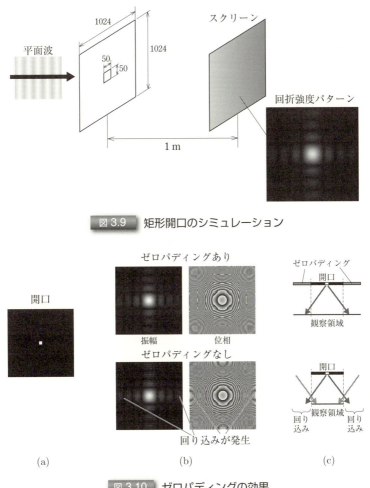

図 3.9 矩形開口のシミュレーション

図 3.10 ゼロパディングの効果

察領域には影響を与えないと解釈できる.

図 3.11 は開口を右端に寄せた場合 (図 (a)) の結果を示しており,よりゼロパディングの効果が顕著である.図 3.11(b), (c) のように,ゼロパディングがない場合は,開口から発した回折光が左側から回り込んできてしまい,強度・位相パターンの両方に回り込みの影響を与えていることがわかる.一方,ゼロパディングがある場合の回折強度パターンは回り込みの影響がない.畳み込みによる回折計算を FFT で実装する場合,ゼロパディングが重要なことがわかる.

フレネル回折を使うことで**図 3.12** のような**レンズの結像シミュレーショ**

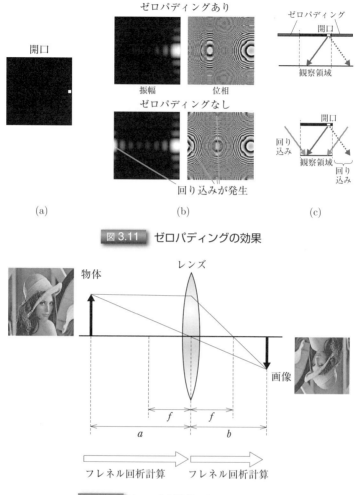

図 3.11 ゼロパディングの効果

図 3.12 レンズの結像シミュレーション

ンも行える．物体からレンズまでの距離が a，レンズから像までの距離が b，レンズの焦点距離が f のとき，**幾何光学**[11] では以下の結像公式に従うことが知られている．

$$\frac{1}{a} + \frac{1}{b} = \frac{1}{f} \tag{3.47}$$

レンズにより結像される像の倍率（横倍率）M は，$M = b/a$ となる．例えば $a = 10\,\mathrm{cm}$，$b = 10\,\mathrm{cm}$ の場合，$f = 5\,\mathrm{cm}$ のレンズを使えば横倍率 1 の

---

[11] 幾何光学は光の波動性を考慮せず光を光線として扱う方法をいう．回折計算は光の波動性を扱うので，回折計算を使った光学計算は**波動光学**とも呼ばれる．

像が得られることがわかる．図から明らかなように像は倒立像となる．

このレンズのシミュレーションをする場合は，画像に平面波を照射し，レンズまでのフレネル回折を計算する．その計算結果にレンズの位相変換作用[12]をかけ，さらにスクリーンまでフレネル回折を計算すればよい．焦点距離 f の**レンズの位相変換作用**は，フレネル近似を使って

$$\exp\left(-i\frac{2\pi}{\lambda}\left(\frac{x^2+y^2}{f}\right)\right) \tag{3.48}$$

と書ける．(3.48) 式は，フレネル回折のインパルス応答 ((3.41) 式) を $z=-f$ としたものと同じなので，リスト 3.5 のソースコードをそのまま流用できる．**リスト 3.8** にフレネル回折を使ったレンズの結像シミュレーションのソースコードを示す．$a = 10\,\text{cm}$，$b = 10\,\text{cm}$，$f = 5\,\text{cm}$ の条件で計算を行った．像の横倍率は 1 で，図 3.12 右のような倒立した像を得ることができる．波長は $\lambda = 633\,\text{nm}$ を使った．

リスト 3.8 ：レンズの結像シミュレーション

```
1  fresnel_fft(u, N, 633e-9, 10e-2, 10e-6);
2  response(u_lens, N, 633e-9, -5e-2, 10e-6);
3  mul_complex(u, u_lens, u, N);
4  fresnel_fft(u, N, 633e-9, 10e-2, 10e-6);
```

3.6.4 回折計算のエイリアシング

回折計算を数値計算する場合，離散化による**エイリアシング（折り返し雑音）**に気をつける必要がある．ある信号を離散化する場合，標本化定理によれば，その信号の空間変化がサンプリング間隔より 2 倍以上緩やかであればエイリアシングは発生しない．言い方を変えると，その信号のもつ最大周波数の 2 倍以上の周波数で信号を離散化しないとエイリアシングが発生する．

ここでは，(3.21) 式の畳み込み表現でのフレネル回折について考えてみよう．

$$u_2(x_2, y_2) = \frac{\exp(i\frac{2\pi}{\lambda}z)}{i\lambda z} \times \mathcal{F}^{-1}\left[\mathcal{F}\left[u_1(x_1, y_1)\right] \cdot \mathcal{F}\left[h(x_1, y_1)\right]\right] \tag{3.49}$$

---

[12] レンズは入射光の位相を変化させることで，光を集光したり発散したりすることができる．例えば凸レンズの位相変換作用は，平面波の入射光を焦点距離 f の位置に集光できればよいので，(3.48) 式のような球面波の式の位相を負にしたものがよく用いられる．

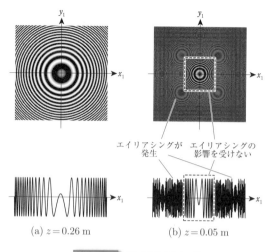

図 3.13 エイリアシング

ここで，インパルス応答 $h(x_1, y_1)$ は，

$$h(x_1, y_1) = \exp\left(i\frac{\pi}{\lambda z}(x_1^2 + y_1^2)\right) \quad (3.50)$$

と定義した．(3.49) 式において (x_1, y_1) の面内で空間的に変化する信号は $h(x_1, y_1)$ なので，これがエイリアシングの発生要因となる．

サンプリング間隔 $p=10\,\mu\mathrm{m}$，波長 $\lambda=633\,\mathrm{nm}$，画素数 $N \times N = 512 \times 512$ で，伝搬距離 z が $z = 0.26\,\mathrm{m}$ のとき（**図 3.13**(a)）と $z = 0.05\,\mathrm{m}$ のとき（図 3.13(b)）の $h(x_1, y_1)$ の実数部を図 3.13 に描画する．グラフは $h(x_1, y_1)$ の x_1 軸上の変化を表している．左側では適切なサンプリング間隔でサンプリングを行っているため，エイリアシングが発生していないが，右側では $h(x_1, y_1)$ の変化に対してサンプリング間隔が粗いため，エイリアシングが発生している．

エイリアシングが発生する条件を求めてみよう．この条件を求めるために，空間周波数の求め方を述べておく．例えば，1 次元信号 $\exp(2\pi i f x) = \exp(i\phi(x))$（$\phi(x) = 2\pi f x$ とおいた）の周波数は f であるが，この周波数は

$$\frac{1}{2\pi}\frac{d\phi(x)}{dx} = f \quad (3.51)$$

としても求められる．2 次元信号 $\exp(2\pi i (f_x x + f_y y)) = \exp(i\phi(x,y))$ ($\phi(x,y) = 2\pi(f_x x + f_y y)$ とおいた）の場合も同様に，横方向，縦方向の空間周波数 f_x, f_y を，

$$\frac{1}{2\pi}\frac{\partial \phi(x,y)}{\partial x} = f_x, \quad \frac{1}{2\pi}\frac{\partial \phi(x,y)}{\partial y} = f_y \quad (3.52)$$

と求められる．(3.50) 式より $\phi(x_1, y_1) = \frac{\pi}{\lambda z}(x_1^2 + y_1^2)$ なので，$h(x_1, y_1)$ の空間周波数 f_x, f_y は，

$$f_x = \frac{1}{2\pi}\frac{\partial \phi(x_1, y_1)}{\partial x_1} = \frac{x_1}{\lambda z}, \quad f_y = \frac{1}{2\pi}\frac{\partial \phi(x_1, y_1)}{\partial y_1} = \frac{y_1}{\lambda z} \quad (3.53)$$

で求められる．この周波数は位置によって異なるため**局所空間周波数**とも呼ばれる．$h(x_1, y_1)$ は x_1, y_1 に比例して空間周波数が高くなることがわかる．このような信号を**チャープ信号**という．

(3.53) 式と図 3.13 から最大の空間周波数は画像の端（$x_{\max} = \frac{N}{2}p$．p はサンプリング間隔）となる．エイリアシングを起こさないためには最大周波数の 2 倍以上の周波数で信号を離散化する必要があるため，

$$\frac{1}{p} \geq 2\left|\frac{1}{2\pi}\frac{\partial \phi(x_1, y_1)}{\partial x_1}\right| = \left|\frac{2x_1}{\lambda z}\right| \quad (3.54)$$

$$\frac{1}{p} \geq 2\left|\frac{1}{2\pi}\frac{\partial \phi(x_1, y_1)}{\partial y_1}\right| = \left|\frac{2y_1}{\lambda z}\right| \quad (3.55)$$

を満たせばよい[13]．エイリアシングが発生しない z は，(3.54) 式によると $x_{\max} = \frac{N}{2}p$（端点）を代入して，

$$z \geq \frac{Np^2}{\lambda} \quad (3.56)$$

となる．図 3.13 の計算条件では，おおよそ $z \geq 8\,\mathrm{cm}$ であればエイリアシングは発生しない．

同様にエイリアシングが発生しない x_1, y_1 の範囲（図 3.13(b) の破線枠部分）は，(3.54) 式，(3.55) 式を x_1, y_1 について解くと，

$$|x_1| \leq \frac{\lambda z}{2p} \quad (3.57)$$

$$|y_1| \leq \frac{\lambda z}{2p} \quad (3.58)$$

となる．図 3.13(b) の条件では，ピクセル単位で中央から 320 ピクセル程度はエイリアシングの影響を受けないが，その他の領域はエイリアシングの影響を受けることがわかる．

図 3.14 に畳み込み表現でのフレネル回折を図 3.13 と同じ条件で計算した結果を示す．図 3.14(a) は $z = 0.26\,\mathrm{m}$ なので，エイリアシングが発生して

---

[13] x_1, y_1 が負の場合，負の空間周波数となるため絶対値をとっている．

エイリアシング

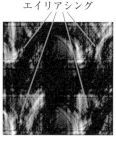

(a) $z = 0.26$ m 　　(b) $z = 0.05$ m 　　(c) $z = 0.05$ m
　　　　　　　　　　（フレネル回折）　　　（角スペクトル法）

図 3.14 フレネル回折と角スペクトル法の比較

いないが，図 3.14(b) は $z = 0.05$ m なので激しいエイリアシングを起こす．また，図 3.14(c) に図 3.13(b) と同様の条件で角スペクトル法で計算した結果を示す．角スペクトル法では短距離（$z = 0.05$ m）にもかかわらずエイリアシングを起こさず，きれいな回折像が得られることがわかる．

　角スペクトル法は近似のない正確な回折計算を実行することができるが，フレネル回折とは逆に長距離伝搬時にエイリアシングが発生してしまうことが知られている．これはフレネル回折のインパルス応答（(3.23) 式）と角スペクトル法の伝達関数（(3.7) 式）から説明できる．フレネル回折のインパルス応答は，

$$h(x,y) = \exp(i\frac{\pi}{\lambda z}(x^2 + y^2)) \tag{3.59}$$

であり，z が分母にあるため，z が大きくなるほど $h(x,y)$ はゆるやかに変化しエイリアシングが発生しにくくなる．逆に角スペクトル法の伝達関数は，

$$H(f_x, f_y) = \exp\left(i2\pi z\sqrt{\frac{1}{\lambda^2} - f_x^2 - f_y^2}\right) \tag{3.60}$$

であり，z が分子にあるため，z が大きくなるほど $H(f_x, f_y)$ は激しく振動しエイリアシングが発生しやすくなる．z が小さいときは $H(f_x, f_y)$ はゆるやかに変化する．

　エイリアシングの観点から見ると，畳み込み表現でのフレネル回折は長距離伝搬に，角スペクトル法は短距離伝搬に適しており，適材適所で使い分ける必要がある [14]．

---

[14] 窓関数を使ってエイリアシングが発生する領域をゼロにすることで，伝搬距離に依存しない回折計算もよく使われるが，便利に使われる反面，伝搬距離によっては計算結果の精度が悪くなることが知られている．

3.7 特殊な回折計算

コンピュータホログラフィでよく使用されるフレネル回折や角スペクトル法について説明を行ったが，これらの回折計算は伝搬元と伝搬先を同軸・平行にする制約がある．具体的には以下のような制約が存在する．

- 伝搬元 u_1 と伝搬先 u_2 の面が平行である．
- 伝搬元 u_1 と伝搬先 u_2 の光軸が一致している．
- 伝搬元 u_1 と伝搬先 u_2 のサンプリング間隔を自由に設定できない．

近年，これらの制約を解決できる回折計算が提案されている．**図 3.15**(a)のような，伝搬元と伝搬先が非平行でも計算ができる回折計算が提案されている[18]．紙面の都合上，詳細を述べることができないが，このような回折計算は，例えばポリゴンから構成される3次元物体からCGHを計算するときに各ポリゴンがCGHに対して非平行なため有用である．本節では図 3.15(b)のような，伝搬元 u_1 と伝搬先 u_2 の光軸が一致しない場合でも使用できる**シフト回折計算**，および伝搬元 u_1 と伝搬先 u_2 のサンプリング間隔を自由に設定できる**スケール回折計算**を紹介する．

シフト回折計算やスケール回折計算はいろいろな方式が提案されているが，ここでは文献[19]のシフト回折計算とスケール回折計算を一緒に行えるフレネル回折について紹介する．式の導出は理解のやさしい文献[20]の方法による[15]．

図 3.16 のように，伝搬先 $u_2(x_2, y_2)$ をサンプリング間隔 p で離散化し，

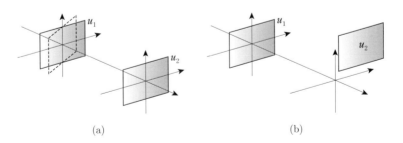

図 3.15 回折計算．(a) 回転を考慮した回折計算．(b) シフト回折計算，スケール回折計算

---

[15] 文献[20]によるスケール回折計算は，文献[19]で発生するエイリアシングを抑制することができる．

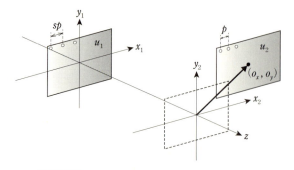

図 3.16 スケール回折計算とシフト回折計算

伝搬元 $u_1(x_1, y_1)$ のサンプリング間隔をその s 倍する．$s = 1$ のときは普通のフレネル回折だが，$s > 1$ のときは伝搬先に比べ伝搬元の面積が大きくなり，$s < 1$ のときは伝搬元の面積が小さい状態で回折計算を行うことになる．

ここでフレネル回折計算を以下に再掲する．

$$u_2(x_2, y_2) = \frac{\exp(ikz)}{i\lambda z} \int\int u_1(x_1, y_2)$$
$$\times \exp\left(\frac{i\pi}{\lambda z}((x_2 - x_1)^2 + (y_2 - y_1)^2)\right) dx_1 dx_2 \quad (3.61)$$

スケール回折計算を行えるよう (x_1, y_1) を s 倍し，図 3.16 のように伝搬先 u_2 が光軸から (o_x, o_y) だけ離れている場合を考慮すると，(3.61) 式の $(x_2 - x_1)^2$ と $(y_2 - y_1)^2$ は

$$(x_2 - sx_1 + o_x)^2 = s(x_2 - x_1)^2 + (s^2 - s)x_1^2 + (1 - s)x_2^2 + 2o_x x_2$$
$$- 2so_x x_1 + o_x^2 \quad (3.62)$$
$$(y_2 - sy_1 + o_y)^2 = s(y_2 - y_1)^2 + (s^2 - s)y_1^2 + (1 - s)y_2^2 + 2o_y y_2$$
$$- 2so_y y_1 + o_y^2 \quad (3.63)$$

のように考えればよい．(3.62) 式，(3.63) 式を (3.61) 式に代入すると，

$$u_2(x_2, y_2) = C_z \int\int u_1(x_1, y_1)$$
$$\times \exp\left(\frac{i\pi}{\lambda z}((s^2 - s)x_1^2 - 2so_x x_1 + (s^2 - s)y_1^2 - 2so_y y_1)\right)$$
$$\times \exp\left(\frac{i\pi(s(x_2 - x_1)^2 + s(y_2 - y_1)^2)}{\lambda z}\right) dx_1 dy_1 \quad (3.64)$$

この式は畳み込み積分の形式なので，畳み込み定理を使うと以下のように書ける．

$$u_2(x_2, y_2) = C_z \mathcal{F}^{-1}\left[\mathcal{F}\left[u_1(x_1, y_1)\exp(i\phi_u)\right]\mathcal{F}\left[\exp(i\phi_h)\right]\right] \quad (3.65)$$

ここで $\exp(i\phi_u)$, $\exp(i\phi_h)$, C_z は以下のように定義した．

$$\begin{aligned}\exp(i\phi_u) &= \exp\left(i\pi\frac{(s^2-s)x_1^2 - 2so_x x_1}{\lambda z}\right) \\ &\quad \times \exp\left(i\pi\frac{(s^2-s)y_1^2 - 2so_y y_1}{\lambda z}\right)\end{aligned} \quad (3.66)$$

$$\exp(i\phi_h) = \exp\left(i\pi\frac{sx_1^2 + sy_1^2}{\lambda z}\right) \quad (3.67)$$

$$\begin{aligned}C_z &= \frac{\exp(ikz)}{i\lambda z} \times \exp\left(\frac{i\pi}{\lambda z}((1-s)x_2^2 + 2o_x x_2 + o_x^2)\right) \\ &\quad \times \exp\left(\frac{i\pi}{\lambda z}((1-s)y_2^2 + 2o_y y_2 + o_y^2)\right)\end{aligned} \quad (3.68)$$

(3.65) 式をコンピュータで計算する場合，3.6.2 節でフレネル回折を実装した手順のときと同様にすればよい．フーリエ変換には FFT を使用する．また，FFT を使用した畳み込み計算は巡回畳み込みになることにも注意して実装する必要がある．

図 **3.17** に (3.65) 式を使ってスケール回折計算を行った結果を示す．伝搬先のサンプリング間隔を p, 伝搬元のサンプリング間隔を sp とする．この計算は波長 633 nm の光を伝搬元に照射したときの，伝搬元から 0.5 m 離れた位置での回折強度パターンを計算したものとなっている．図中央は $p = 10\,\mu\mathrm{m}$, $s = 1.0$ の場合（つまり普通のフレネル回折）の計算結果で，伝搬元・伝搬先ともにサンプリング間隔は $p = 10\,\mu\mathrm{m}$ となる．図左は $s = 0.5$ の場合で，伝搬元のサンプリング間隔は $sp = 5\,\mu\mathrm{m}$, 伝搬先のサンプリング間隔は $p = 10\,\mu\mathrm{m}$ で，図中央に比べ半分に縮小された回折強度パターンとなる．図右は $s = 2.0$ の場合で，伝搬元のサンプリング間隔は $sp = 20\,\mu\mathrm{m}$, 伝搬先のサンプリング間隔は $p = 10\,\mu\mathrm{m}$ で，図中央に比べ 2 倍に拡大された回折強度パターンとなる．

図 **3.18** に (3.65) 式を使ってシフト回折計算を行った結果を示す．伝搬元・伝搬先ともにサンプリング間隔は 10 μm で計算した．図左はオフセットが $(o_x, o_y) = (0\,\mathrm{mm}, 0\,\mathrm{mm})$ の場合（つまり普通のフレネル回折）で，図中央と右はオフセットがそれぞれ $(o_x, o_y) = (5\,\mathrm{mm}, 0\,\mathrm{mm})$ と $(o_x, o_y) =$

$s = 0.5$　　　　　$s = 1.0$　　　　　$s = 2.0$

図 3.17　スケールを与えた回折強度パターン

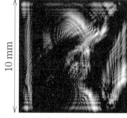 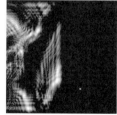 

$(o_x, o_y) = (0\,\text{mm}, 0\,\text{mm})$　$(o_x, o_y) = (5\,\text{mm}, 0\,\text{mm})$　$(o_x, o_y) = (5\,\text{mm}, -5\,\text{mm})$

図 3.18　シフトを与えた回折強度パターン

$(5\,\text{mm}, -5\,\text{mm})$ の場合で，伝搬先の計算領域をシフトさせて計算できていることがわかる．

最後にシフト回折計算とスケール回折計算の応用事例について紹介する．コンピュータの性能の向上により大規模な CGH 計算や大面積のホログラム画像を扱う機会が増えている．このような計算ではコンピュータのメモリにのりきらないくらい大きな計算を行う場合もあり，そのようなときにシフト回折計算が役立つ．図 3.19 のように伝搬元 u_1，伝搬先 u_2 がメモリにのりきらない場合，計算領域をメモリにのる程度のサイズに分割する．ここでは 4 分割の例を示す．伝搬元 u_1 の A の領域から発する光は回折で広がりながら伝搬先 u_2 の A，B，C，D の各領域に伝搬する．このとき伝搬元 u_1 の A から見ると，u_2 の B，C，D の領域は光軸が一致していないため，これらの領域についてはシフト回折計算を行えばよい．u_1 の残りの B,C,D についても同様の計算を行い，それぞれの結果を加えれば大きな計算領域の回折計算を取り扱うことができる．

スケール回折計算の応用例は，例えば 5 章で述べるレンズを使わずに再生像のズームを行うホログラフィックプロジェクションへの応用例や，4 章で紹

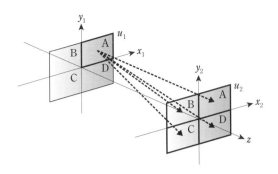

図 3.19 シフト回折計算による回折計算の分割

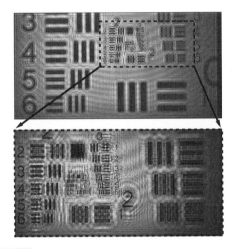

図 3.20 スケール回折計算による再生像の倍率の変更

介するデジタルホログラフィック顕微鏡で撮影されたホログラムからスケール回折計算で細部を見るといった応用例がある[21]．**図 3.20** はデジタルホログラフィック顕微鏡への応用例で，図上は普通の回折計算で再生像全体を観察しており，図下は図中の枠の部分を 2.4 倍に拡大して観察している．

STORY 5　オフアクシスホログラム

　レーザーが登場するまでの光源として，水銀灯が使われていた．身近な例でいえば蛍光灯である．蛍光灯は，水銀蒸気中で放電すると出てくる輝線（スペクトルの定まった光）を発光体に当てて白色光として利用する．輝線スペクトルはいくつかあり，ガボールをはじめとする 1950 年代までの研究者は，ホログラフィの実験に可視域の輝線スペクトルを用いていた．ただし，水銀灯は干渉性が悪いことに加えて，発光強度が弱かった．レーザーはこの二つの欠点を同時に解決した．

　それまで計測技術の一つとして考えられていたホログラフィは，レーザーによって，3 次元映像技術という研究領域を開拓していくことになる．このときに重要な役割を果たしたのがオフアクシスホログラムである．直接光と共役像を視界から外し，元の 3 次元物体の波面（虚像）だけを観察することが可能になったからである．

　今日からみると，インラインホログラムとオフアクシスホログラムの違いはそれほど大きくない．参照光に角度をつけただけである．ガボールのインラインホログラムが 1 光束だったのに対して，リースとウパトニークスのオフアクシスホログラムは 2 光束という違いはある．しかし，光源はどちらも一つで，2 光束といってもビームスプリッタで二つに分けているに過ぎない．むしろ，像が重なるなら，ずらしてみようとするほうが自然な気えする．

　ただし，あとから「それは当然だ」というのは簡単である．実際に手を動かして実験するのとしないのでは，天と地ほどの差がある．科学技術の発明が，ある日突然，何もないところから誕生することはほとんどあり得ない．

　それはホログラフィの誕生そのものにも当てはまる．日本で最初に出版されたホログラフィの書籍は『レーザーとホログラフィー』（W. E. Cock（著），小瀬輝次，芳野俊彦（訳），河出書房新社，1971）である．この本のプロローグに次のような文章がある．

「（ガボールよりも）*半世紀前にフランスの 科学者 ガブリエル・リップマンはカラー写真の一つの方法として，光波の干渉パターンを写真に記録することを提案している．またホログラフィーが現れる以前の二，三〇年間，電波技術では参照波が広く用いられていた．それ故に，ホログラフィーのための全ての要素はすで*

に備わっていたというべきであり，これらを統合してすばらしい考えを生み出す独創的な人の出現が待たれていたわけである」

　ホログラフィも干渉計の一種であり，干渉計そのものは数多く研究されていた．学生実験でよく採用されている二重スリットを通した光が明暗の縞模様を作るヤング（T. Young: 1773–1829）の実験は 1805 年に行われた．光速はどの方向でも同じことを実証したマイケルソン（A.A. Michelson: 1852–1931）とモーリー（E.W. Morley: 1838–1923）の干渉計による実験は 1887 年であり，1907 年にノーベル物理学賞を受賞している．
　干渉を利用すると位相差がわかる．つまり，奥行き方向が識別できる．それはさまざまな波長帯で利用でき，電波の領域では大気の様子を調べたり，遠い天体の位置を測定できたりする．ホログラフィでいえば，可視光での奥行きを表現することになる．そのことだけを取り上げれば，大騒ぎするほどのことではないという指摘である．
　それでもなお，ガボールの業績は賞賛されるべきものであり，『レーザーとホログラフィー』は示唆に富む文章を続けている．

「若い科学者や技術者はみな，この点ついてはよく考えてみる必要があるだろう…（中略）…『古い概念を結び合わせて新しい価値あるアイデアを生む機会は常に存在している』ということをこの発明が証明したとも言える」
「進歩に大きく寄与するには必ずしも科学の最先端に立つ必要のないこと，また比較的簡単なプロセスを新しい感覚で捉えることができれば，独創性のある人は誰でも今日の発展しつつある技術の世界に貢献できることを，この発明は示したと言っても言いすぎではないであろう」

　研究者にとっては勇気を与えてくれる言葉である．

STORY 6　デニシュウクホログラム

　リースとウパトニークスによる2光束オフアクシスホログラムの論文が発表された1962年，そのちょうど同じ年に旧ソ連でもホログラフィの歴史に残る研究成果が発表された．デニシュウク（Y.N. Denisyuk; 1927-2006）による1光束反射型ホログラムである．レーザーによって，ホログラムは高精細な3次元像を記録・再生することができるようになった．次にめざすものは白色光再生とカラー化であった．その二つを同時に可能にする技術である．

　ガボールと同じ1光束インラインホログラムであるが，違いは，物体をホログラム面の手前ではなく，奥におく点である．参照光は透明なホログラム材料を通って物体に当たり，散乱した光（物体光）が再びホログラム面に到達する．つまり，ホログラムを挟んで，参照光と物体光がそれぞれ反対側から照射されて干渉縞を作る．

　はじめに「歴史に残る研究」と述べた．その割には「なぜ？」と思うくらいに小さな改良に見える．特徴の一つは，ホログラムに厚みをもたせたことである．それまでのホログラムは平面上に干渉縞を作っており，「薄いホログラム」である．デニシュウクホログラムでは感光材料の内部で干渉が起こるため，「厚いホログラム」になる．厚いホログラムには，波長を選択できるという大きな利点がある．それは白色光で再生できることを意味する．白色光の特定の波長（色）のみが選択されるため，ボケが生じないからである．3原色を選択させることでカラー再生も可能である．

　当時のソ連は，デニシュウクホログラムを使って貴重な美術品を数多く記録した．次ページの写真（口絵3ページ参照）はエルミタージュ美術館に所蔵されている花瓶のホログラムである．1983年にソ連科学アカデミーで製作され，日本に贈られた．当事者の1人であるライトディメンジョン社の永田忠昭は『日本のホログラフィーの発展』の中で次のように回想している．

「当時の新日本製鉄会長の永野重雄氏が経済ミッションでソ連へ行かれた際，当社が凸版印刷で製作したマルチプレックス≪レーザーバード≫を土産として持参したところ大変喜ばれて，チーホノフ首相からのお返しとしていただいたものです」

デニシュウクホログラム（エルミタージュ美術館の花瓶）
[千葉大学所蔵]

　永野から永田に渡り，千葉大学の酒井朋子を通して，現在は当研究室で保管している．

　デニシュウクホログラムはリップマン写真の原理と似ていることからリップマンホログラムと呼ばれることが多い．しかし，科学史的には違和感がある．リップマン（J.F.G. Lippmann; 1845-1921）はカラー写真を物理的な手法で実現して 1908 年にノーベル賞を受賞した．興味深いことに，1908 年には幾何光学にもとづくインテグラルフォトグラフィという 3 次元映像技術を提唱している．ただし，波動光学にもとづくホログラフィの発明はリップマンの没後であり，当然ながら，ホログラフィに対する寄与はない．しかもリップマン写真は実用化しなかった．

　デニシュウクホログラムとリップマン写真は目的も違えば使い方も違う．社会に与えたインパクトは比較にならない．人の名を冠するならば，開発者のデニシュウク以外には考えられない．技術や発明に個人名が付いてしまうと，その人物の名前（だけ）が後世に残ってしまうからである．

　当時は東西冷戦下にあり，デニシュウクの手法が西側に伝わるのは数年後だった．幸い，すぐに世界に広まり，デニス・ガボール賞が創設された際には，第 1 回の受賞者として，リースとデニシュウクが同時に選ばれている．

Introduciton to Holography

第4章 デジタルホログラフィと3次元計測

　写真乾板で撮影するアナログ的なホログラフィが発明されてからすでに半世紀以上が経過し，最近では写真乾板の代わりにCCDカメラなどの電子的な撮像素子でホログラムを撮影する研究が活発に行われている．このようなデジタルなホログラムの撮影方法をデジタルホログラフィという．デジタルホログラフィの魅力は光学素子の機械的な移動を必要とせずに，計算のみで撮影対象物を3次元的に観測したり，光の振幅と位相情報を同時に動的計測できるところにある．デジタルホログラフィを微小物体の観察に応用したデジタルホログラフィック顕微鏡は，一度の撮影で物体の光透過率や厚み情報（位相情報）などをホログラム画像上に同時記録できる特徴をもつ．本章では，はじめにデジタルホログラフィの原理について説明し，DHMを含めた各種の応用事例を紹介する．

4.1 デジタルホログラフィ

　デジタルホログラフィはホログラムを写真乾板ではなく，**CCD**（charge-coupled device）イメージセンサや**CMOS**（complementary MOS）イメージセンサなどの電子的な撮像素子を用いてデジタルデータとして撮影する技術である．デジタルホログラフィの魅力は撮影対象物の**3次元計測**（奥行きの異なる撮影対象物の計測）や光の振幅と位相情報を同時に動的計測できるところにある．デジタルホログラフィを微小物体の観察に応用した**デジタルホログラフィック顕微鏡**（digital holographic microscope: **DHM**）は，1回の撮影で物体の光透過率や厚み情報（位相情報）などをホログラム画像上に同時記録できる特徴をもつ．

　図4.1にDHMの一般的な光学系を示す．撮影対象物体はイメージセンサからzの位置にある．レーザー光のビーム径は細いので**ビームエクスパンダ**で拡大し，ビームスプリッタで二つに分離する．ビームエクスパンダは2章で説明したように，2枚のレンズを組み合わせることでビーム径を拡大できる．

　片方のレーザー光を撮影対象物体（ここでは顕微鏡を想定しているため微

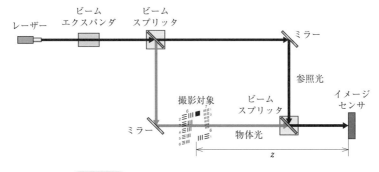

図 4.1 デジタルホログラフィック顕微鏡の例

生物や細胞などの微小物体）に照射する．この光が物体光となる．物体光には物体の振幅（透過率に相当）や位相情報（厚み情報に相当）が含まれている．分割したもう片方のレーザー光が参照光となる．参照光と物体光がイメージセンサ上で干渉し，ホログラムが撮影される．

この過程を数式で記述してみよう．光波は振幅と位相で記述できる．撮影対象物体の振幅を $a_o(x_o, y_o)$，位相を $\phi_o(x_o, y_o)$ とする．物体の存在する面での光波は

$$u_o(x_o, y_o) = a_o(x_o, y_o) \exp(i\phi_o(x_o, y_o)) \tag{4.1}$$

と表現できる．この物体光がホログラムまで伝搬すると，ホログラム面上での物体光は回折計算の演算子（3.5 節）を用いて，

$$O(x, y) = \mathrm{Prop}_z[u_o(x_o, y_o)] \tag{4.2}$$

と書ける．ホログラム面上での参照光を $R(x, y)$ と記述すると，イメージセンサ上での物体光と参照光の干渉縞の光強度 $I(x, y)$（ホログラム）は，

$$\begin{aligned} I(x, y) &= |O(x, y)|^2 + |R(x, y)|^2 + O(x, y)R^*(x, y) + O^*(x, y)R(x, y) \\ &= D(x, y) + O(x, y)R^*(x, y) + O^*(x, y)R(x, y) \end{aligned} \tag{4.3}$$

と記述できる．$D(x, y) = |O(x, y)|^2 + |R(x, y)|^2$ は直接光で，$*$ は複素共役を表す．(4.3) 式を見ると，R^* という変調を受けているが第 2 項に物体光がそのままの形で含まれているため，ホログラムに物体光の振幅と位相情報が記録されていることがわかる．ただし，物体光成分以外に，直接光（第 1 項の $D(x, y)$）と共役光（第 3 項の $O^*(x, y)$）の余計な成分も記録されてしまう．

デジタルホログラフィでは，イメージセンサで撮影されたホログラムをコ

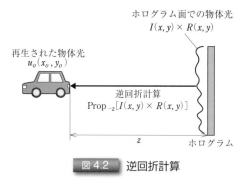

図 4.2 逆回折計算

ンピュータに転送して数値計算によって記録されている情報を再生する．記録時の参照光と同じ光（再生光）を照射すればホログラム上での物体光が数値再生できる．ホログラムへ再生光を照明する数学的な記述は，ホログラムと再生光をかければよいので，

$$I(x,y) \times R(x,y) = R(x,y)D(x,y) + O(x,y) + O^*(x,y)R^2(x,y) \quad (4.4)$$

と表現できる．ここで，第 2 項が記録した物体光そのものなので，物体光の振幅と位相がともに再生できることがわかる．

(4.4) 式をコンピュータで計算するには，単純にホログラム $I(x,y)$ の各ピクセルにあらかじめ用意もしくは計測した $R(x,y)$ をピクセルごとに乗算すればよい．注意が必要なのは，(4.4) 式はホログラム面上での光波分布になっていることである．撮影物は実際にはホログラム面から $-z$ だけ離れた位置にあるので，(4.5) 式のように (4.4) 式の結果から**逆回折計算（バックプロパゲーション）** を計算し，物体があった位置での光波分布を求める必要がある（**図 4.2**）．

$$\begin{aligned}&\text{Prop}_{-z}[I(x,y) \times R(x,y)] \\ &= \text{Prop}_{-z}[R(x,y)D(x,y)] + \text{Prop}_{-z}[O(x,y)] + \text{Prop}_{-z}[O^*(x,y)R^2(x,y)]\end{aligned}$$
$$(4.5)$$

(4.5) 式の第 2 項は，(4.2) 式を代入すると，

$$\text{Prop}_{-z}[O(x,y)] = \text{Prop}_{-z}[\text{Prop}_z[u_o(x_o,y_o)]] = u_o(x_o,y_o) \quad (4.6)$$

となるため，ホログラムに記録されている物体光が復元できることがわかる[1]．

---

[1] 実際にはノイズ，光学部品の配置の誤差や製造上の誤差，数値計算の誤差や物体光の広がりがイメージセンササイズを超えた部分の情報の消失など，さまざまな要因により完全に物体光を復元することは難しい．

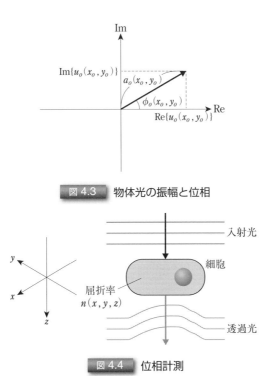

図 4.3 物体光の振幅と位相

図 4.4 位相計測

数値再生した物体光 $u_o(x_o, y_o)$ の振幅と位相は**図 4.3**のような関係があるので，振幅 $a_o(x, y)$ は，

$$a_o(x_o, y_o) = \sqrt{\mathrm{Re}\{u_o(x_o, y_o)\}^2 + \mathrm{Im}\{u_o(x_o, y_o)\}^2} \quad (4.7)$$

で計算できる．Re{ } は複素数の実数部を，Im{ } は虚数部をとる演算子を表す．位相 $\phi_o(x_o, y_o)$ を求める場合は，

$$\phi_o(x_o, y_o) = \tan^{-1}\left(\frac{\mathrm{Im}\{u_o(x_o, y_o)\}}{\mathrm{Re}\{u_o(x_o, y_o)\}}\right) \quad (4.8)$$

を計算すればよい．値域は $\tan^{-1}$ の特性から $-\pi \sim \pi$ rad となる．

(4.8) 式で求めた位相の物理的な意味を考えてみよう．例えば**図 4.4**の細胞を DHM で計測する場合，細胞に入射された平面波は細胞を透過すると変調される．細胞の厚いところを通過した透過光は，細胞のないところや細胞の厚みの薄いところを通過した透過光に比べ遅く進むため，図 4.4 のように波面に乱れ（位相差）が生じる．細胞の屈折率分布を $n(x, y, z)$ とすると，デジタルホログラフィで計測される物体光の位相は (4.9) 式で算出される位相

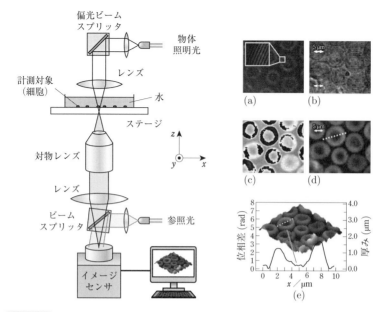

図 4.5 デジタルホログラフィック顕微鏡の例．左図は光学系．右図は再生された振幅と位相画像

[Reprinted with permission from OSA. (*Appl. Opt.*, 47(4):A52–A61, 2008)]

差を画像として計測していると考えられる．

$$\phi_o(x_o, y_o) = \frac{2\pi}{\lambda} \int n(x, y, z) dz \qquad (4.9)$$

ここで，$n(x, y, z)$ が既知もしくは細胞内の屈折率が一様と見なせれば，$\phi_o(x, y)$ から細胞の厚みを計測することができる．

DHM を用いて赤血球を観察した事例を **図 4.5** に示す[22]．図 4.5 は透過性物体を撮影する DHM で，この光学系で赤血球の観察を行っている．図 4.5(a) は撮影されたホログラム，(b) と (c) はそのホログラムから回折計算を使って得た物体光（複素振幅）の振幅画像（(4.7) 式より算出）と位相画像（(4.8) 式より算出）となっている．(4.8) 式で得られた位相画像は $-\pi$ から π（白い画素が $-\pi$，黒い画素が $+\pi$）で折り畳まれた画像となる．(d) はこれを本来の厚み画像に変換する処理（**位相アンラッピング**）を行った画像，(e) は (d) で得られた位相アンラッピング画像をもとに赤血球の 3 次元的な表示を行った画像となっている．

DHM は顕微鏡なので微小物体を対象にしているが，デジタルホログラフィはもっと大きな物体の 3 次元計測も行える．例として文献[23]を紹介する．

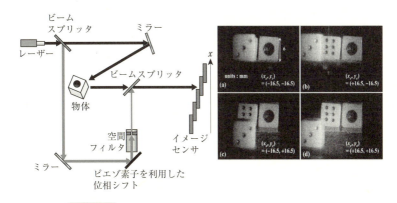

図 4.6 デジタルホログラフィによる3次元画像取得

[Reprinted with permission from OSA. (*Appl. Opt.*, 47(19):D136–D143, 2008)]

図 4.6 は三つのサイコロをデジタルホログラフィで撮影している．図 4.6 左のシステムでは，**レンズレスフーリエ変換ホログラム**（1.3.3 節）を撮影できる光学系を採用し，イメージセンサを逐次移動しながら大規模なホログラム画像を取得（**合成開口デジタルホログラフィ**）することで，物体光をいろいろな視点から見たときの情報をホログラムに記録する．ホログラムを1回撮影すれば，図 4.6 右 (a)～(d) のように計算のパラメータを変更するだけで，いろいろな視点からの再生像を得ることができる．これはデジタルホログラフィの大きな特徴となっている．

4.2 デジタルホログラフィの問題点

デジタルホログラフィは物体の振幅と位相情報の同時取得や，機械的な操作をせずに3次元像を取得できる利点があるが，主な欠点には，

1. 物体光以外に共役光，直接光が再生される（2重像問題）
2. イメージセンサによるホログラムのサンプリング間隔の粗さ（精度）
3. 回折計算に要する時間（計算コスト）

が挙げられる．

(4.4) 式では直接光と共役光も再生されてしまう．撮影・再生条件（特にインライン型の光学系）によっては，これらの不要な光が物体光と重なり，物体光の観察を妨げてしまう．この問題は**2重像問題**と呼ばれる．

これを避けるために参照光に角度をつけて撮影する**オフアクシスホログ**

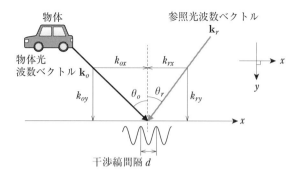

図 4.7 ホログラムの干渉縞間隔

ラフィの光学系を採用することが解決方法の一つである．参照光の角度が大きければ大きいほど，物体光，直接光，共役光は互いに離れていくので，物体光のみを抽出しやすくなる．ただし，欠点 2. のように，参照光の角度を大きくするとホログラムの干渉縞間隔が細かくなり，イメージセンサでうまく干渉縞を撮影できなくなってしまう．残念ながら参照光の角度はあまり大きくとれないのが現状である．

図 **4.7** に示すような物体の 1 点から発する光と参照光がホログラム面上 $\mathbf{x} = (x, y)$ で干渉したときにできる**干渉縞間隔** d を求めてみよう [2]．

物体光，参照光の波数を $k = 2\pi/\lambda$ （λ は波長）とする．物体のある 1 点から発する光を，

$$U_o = a_o \exp(i\mathbf{k}_o \cdot \mathbf{x}) \tag{4.10}$$

とする [3]．$\mathbf{k}_o = (k_{o_x}, k_{o_y}) = (k\sin\theta_o, k\cos\theta_o)$ は物体光の波数ベクトルを表す．参照光を，

$$U_r = a_r \exp(i\mathbf{k}_r \cdot \mathbf{x}) \tag{4.11}$$

とする．$\mathbf{k}_r = (k_{r_x}, k_{r_y}) = (-k\sin\theta_r, k\cos\theta_r)$ は参照光の波数ベクトルを表す．物体光と参照光の干渉縞は，

$$|U_o + U_r|^2 \propto \cos((\mathbf{k}_o - \mathbf{k}_r) \cdot \mathbf{x}) = \cos(\phi) \tag{4.12}$$

となる [4]．ここで ϕ は，

$$\phi = k(\sin\theta_o + \sin\theta_r)x + k(\cos\theta_o - \cos\theta_r)y \tag{4.13}$$

---
[2] 図 4.7 では x 軸のみしか書いていないが y 軸成分も同様に考えることができる．
[3] ここでは，物体の 1 点から発する光を簡単のため平面波として考える．
[4] ここでは，干渉縞の位相のみが重要なので余計な係数は省略した．

とした. x 軸方向の干渉縞の**空間周波数** f は，

$$f = \frac{1}{2\pi}\left|\frac{d\phi}{dx}\right| = \frac{\sin\theta_o + \sin\theta_r}{\lambda} \tag{4.14}$$

となる[5]. 逆数をとれば干渉縞間隔 d を以下のように求めることができる[6].

$$d = \frac{\lambda}{\sin\theta_o + \sin\theta_r} \tag{4.15}$$

　例えば，赤色レーザー（λ=633 nm），$\theta_o = 2°$（約 0.035 rad），$\theta_r = 8°$（約 0.14 rad）の条件では，d は約 3.6 μm となる．これをイメージセンサの各画素で撮影（サンプリング）する場合，**標本化定理**によりホログラムの干渉縞間隔の 1/2 より細かい間隔でサンプリングする必要があり，この撮影条件ではイメージセンサの画素ピッチは 1.8 μm よりも微細なものが要求される．近年では，この程度の画素ピッチをもつイメージセンサも市販されているが，画素ピッチが細かくなるとイメージセンサの撮影面積も減少するため，物体を観察できる範囲（**視野**）や再生像の分解能が狭まることになる．

　デジタルホログラフィでは 2 重像問題，サンプリングの問題，再生像の視野・分解能にはトレード・オフの関係があり，折り合いをつける必要がある．以降では，デジタルホログラフィの代表的な撮影光学系とこれらの問題を軽減する手法を紹介する．

4.3　インライン型デジタルホログラフィ

　図 4.8 に**インライン型デジタルホログラフィ**の光学系を示す．レーザーは細いビームなので，物体全体に光を照射したい場合は，ビームエクスパンダを用いて適切なビーム径にする．ビームスプリッタ 1 で，レーザーを二つのビームに分ける．一つは参照光用，もう一つは物体に照射し物体光とし，ビームスプリッタ 2 で参照光と物体光を合成し，イメージセンサで干渉縞（ホログラム）を撮影する．

　図 4.8 を想定した結果（シミュレーション）を示す．**図 4.9** 左は物体で，この画像に波長 633 nm の平面波を照射したものを物体光としている．物体（サイズは 2.56 mm ×2.56 mm）はイメージセンサから 0.1 m 離れた位置におかれている．このとき，イメージセンサ（256 × 256 画素で画素ピッチ 10 μm）で撮影されたホログラムは図 4.9 中央となる．このホログラムから再生像を

---

[5] 3.6.4 節を参照されたい．
[6] 干渉縞間隔は 2 章で紹介した方法でも求めることができる．

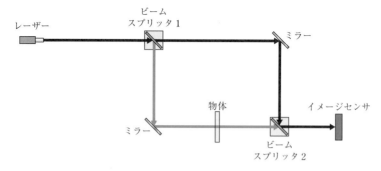

図 4.8 インライン型デジタルホログラフィの光学系

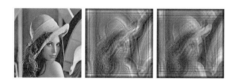

図 4.9 インライン型によるデジタルホログラフィの再生像（シミュレーション）

得るには，ホログラムから元の物体の位置までの回折計算を行えばよい．再生像は図 4.9 右となる．インラインホログラムの原理上，再生像には物体光のほかに，直接光，共役光が重畳しており，観察しづらいものとなる．干渉縞間隔は参照光の角度がないので，次に紹介するオフアクシス型よりも緩やかになるのが利点である．

4.4 オフアクシス型デジタルホログラフィ

図 4.10 にオフアクシス型デジタルホログラフィの光学系を示す．参照光側のミラーを傾けることで，参照光を斜め入射させ，ホログラムを撮影する．

前節のインライン型ホログラムは，再生像に物体光，直接光，参照光が完全にかぶってしまい，再生像画質が著しく低い．これらの不要像の重畳を避けるために，図 4.10 のようなオフアクシス型光学系を使用する．参照光側の鏡に少し傾きをつければ，参照光をホログラムに対して斜め入射させることができる．このときの参照光は振幅を 1 とすると，

$$R(x,y) = \exp(i(kx\sin\theta_x + ky\sin\theta_y)) \quad (4.16)$$

と書ける．ここで，$k = 2\pi/\lambda$ は波数，λ は波長を表す．物体光を $O(x,y)$ と

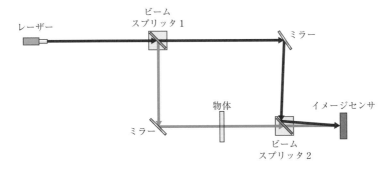

図 4.10 オフアクシス型によるデジタルホログラフィの光学系

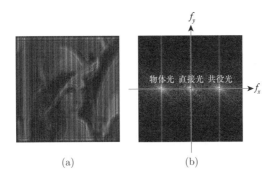

図 4.11 オフアクシス型デジタルホログラフィ．(a) ホログラム．(b) そのスペクトル画像

したとき，ホログラム I は，

$$I = |O+R|^2 = |O|^2 + |R|^2 + OR^* + O^*R \tag{4.17}$$

となる．参照光の角度を $\theta_x = 1°$（約 0.017 rad），$\theta_y = 0°$ としたときのホログラムを**図 4.11**(a) に示す．(b) は (a) を FFT し，スペクトルを可視化した画像である．

このホログラムをフーリエ変換して，物体光，共役光，直接光の各スペクトルがどのように分布しているかを考えてみよう．(4.17) 式の両辺のフーリエ変換をとると，

$$\mathcal{F}\left[I\right] = \mathcal{F}\left[|O|^2 + |R|^2\right] + \mathcal{F}\left[OR^*\right] + \mathcal{F}\left[O^*R\right] \tag{4.18}$$

となる．右辺第 1 項は直接光のスペクトルで，低周波成分となる．右辺第 2 項は物体光のスペクトルで，この部分を取り出して考えると，

$$\mathcal{F}\Big[O(x,y)R(x,y)^*\Big] = \mathcal{F}\Big[O(x,y)\exp(-i(kx\sin\theta_x + ky\sin\theta_y))\Big]$$
$$= \tilde{O}(f_x + \frac{\sin\theta_x}{\lambda}, f_y + \frac{\sin\theta_y}{\lambda}) \tag{4.19}$$

と書ける．$\tilde{O}$ は物体光のスペクトルを表す．この式の変形にフーリエ変換の**推移則**を使用した（付録 A 参照）．つまり，物体光成分はフーリエ空間では元の物体光のスペクトル $\tilde{O}(f_x, f_y)$ から $(-\frac{\sin\theta_x}{\lambda}, -\frac{\sin\theta_y}{\lambda})$ だけ移動していることがわかる．同様に，(4.18) 式の右辺第 3 項は共役光のスペクトルで，この部分を取り出して考えると，

$$\mathcal{F}\Big[O^*(x,y)R(x,y)\Big] = \mathcal{F}\Big[O^*(x,y)\exp(i(kx\sin\theta_x + ky\sin\theta_y))\Big]$$
$$= \tilde{O}^*(f_x - \frac{\sin\theta_x}{\lambda}, f_y - \frac{\sin\theta_y}{\lambda}) \tag{4.20}$$

となるので，元の共役光のスペクトル $\tilde{O}^*(f_x, f_y)$ から $(+\frac{\sin\theta_x}{\lambda}, +\frac{\sin\theta_y}{\lambda})$ だけ移動していることがわかる．

図 4.12 に参照光の角度 θ_x と θ_y を変化させたときのホログラムのスペクトルを示す．インラインホログラムの場合 ((a) $\theta_x = 0°$, $\theta_y = 0°$)，直接光，共役光，物体光のスペクトルはすべて重なってしまっている．一方，オフアクシスホログラムの場合 ((b) $\theta_x = 1°$, $\theta_y = 0°$)，三つのスペクトルは水平方向に分離していることが確認できる．それぞれ左から，物体光，直接光，共役光成分となっている．((c) $\theta_x = 0.5°$, $\theta_y = 0.5°$) の場合は，物体光，共役光成分は斜めに配置され，参照光角度をさらに 2 倍 ((d) $\theta_x = 1°$, $\theta_y = 1°$) にすると，物体光，共役光のスペクトルも位置が 2 倍程度変わることがわかる．

このように周波数領域で明確に，物体光，共役光，直接光のスペクトルが分離されているため，物体光のみを抽出することは容易である[24, 25]．参照光角度が ((d) $\theta_x = 1°$, $\theta_y = 1°$) の場合，**図 4.13** 左から物体光スペクトルのみを抽出（フィルタリング）する．次に，図 4.13 中央のようにその抽出した部分を周波数領域の中央に据える．その後，逆 FFT を行い空間領域に変換すれば，図 4.13 右のように物体光のみを再生することができる．この物体光はホログラム面上のものなので，図 4.2 のように回折計算を使って本来の物体があった位置まで逆回折計算をする必要がある．

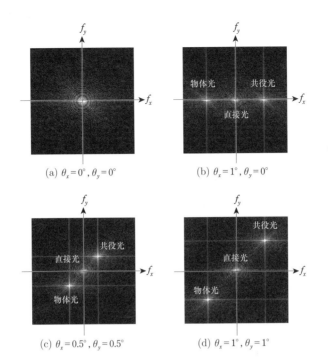

図 4.12 インラインホログラムとオフアクシスホログラムのスペクトル

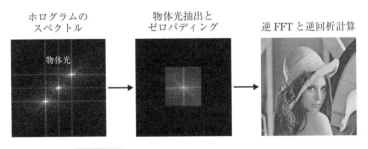

図 4.13 オフアクシスホログラムの再生計算

4.5 ガボール型デジタルホログラフィ

ホログラフィの発明者であるガボールが最初に用いた光学系では，インライン型やオフアクシス型のようにレーザーを二つに分離しない簡易な光学系を用いることが特徴である．文献によってはインラインホログラムと呼ばれることもあるが，本書では**ガボール型**と呼ぶことにする．

図 4.14 にガボール型デジタルホログラフィの光学系を示す．物体は小さ

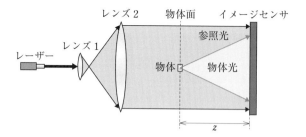

図 4.14 ガボール型デジタルホログラフィの光学系

いことが前提であり，平面波 $r(x_o, y_o)$ を物体に照射し，物体に当たった部分を物体光，物体に当たらずそのまま透過した光を参照光と見なす．物体の存在する部分を $u_o(x_o, y_o)$ とすると，物体面は $1 - u_o(x_o, y_o)$ と記述できる（1 は物体面の物体のない領域を表し，参照光はそのまま通過する）．ホログラム面上での複素振幅 $U(x, y)$ は，

$$\begin{aligned} U(x, y) &= \text{Prop}_z[r(x_o, y_o)(1 - u_o(x_o, y_o))] \\ &= \text{Prop}_z[r(x_o, y_o)] - \text{Prop}_z[r(x_o, y_o)u_o(x_o, y_o)] \\ &= R(x, y) - O(x, y) \end{aligned} \tag{4.21}$$

となる．ここで，ホログラム面上での参照光を $R(x, y) = \text{Prop}_z[r(x_o, y_o)]$，物体光を $O(x, y) = \text{Prop}_z[r(x_o, y_o)u_o(x_o, y_o))]$ と定義した．

よってホログラムは，

$$\begin{aligned} I(x, y) &= |U(x, y)|^2 \\ &= |R(x, y)|^2 + |O(x, y)|^2 - O(x, y)R^*(x, y) - O^*(x, y)R(x, y) \end{aligned} \tag{4.22}$$

となる．ここで簡単のために，ホログラム面上での平面参照光を $R(x, y) = 1$ と仮定すると，**ガボールホログラム**からの像再生は単純に，

$$\begin{aligned} \text{Prop}_{-z}[I(x, y)] = {}&\text{Prop}_{-z}[1 + |O(x, y)|^2] \\ &- \text{Prop}_{-z}[O(x, y)] - \text{Prop}_{-z}[O^*(x, y)] \end{aligned} \tag{4.23}$$

と書ける．第 1 項は直接光，第 2, 3 項は物体光と共役光である．第 2 項は回折計算の演算子の性質より，

$$\text{Prop}_{-z}[O(x, y)] = \text{Prop}_{-z}[\text{Prop}_z[r(x_o, y_o)u_o(x_o, y_o)]]$$

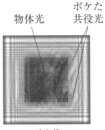

物体面　　　　　　ホログラム　　　　　　再生像

図 4.15　ガボールホログラムと再生像

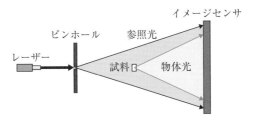

図 4.16　ガボール型デジタルホログラフィのレンズレス光学系

$$= r(x_o, y_o) u_o(x_o, y_o) \tag{4.24}$$

となり，第3項は，

$$\begin{aligned}\mathrm{Prop}_{-z}[O^*(x,y)] &= \mathrm{Prop}_{-z}[\mathrm{Prop}_{-z}[r^*(x_o,y_o)u_o^*(x_o,y_o)]] \\ &= \mathrm{Prop}_{-2z}[r^*(x_o,y_o)u_o^*(x_o,y_o)] \end{aligned} \tag{4.25}$$

となる．元の物体光の共役をとったものが $-2z$ だけ伝搬するため，この影響は再生像全面にわたってボケる．図 4.15 に再生像を示す．図左は物体面での物体を表しており，周囲の白い箇所は光がそのまま透過する．図中央はガボールホログラムであり，その再生像は図右のようになる．

また，図 4.16 のようにレーザー光をピンホールを通して参照光を球面波にすることで，完全にレンズレスの光学系を構築することができる．この光学系はピンホール，物体，イメージセンサの配置で撮影物体の観察倍率を変更できる特徴をもつ．また，図 4.14 のような参照光に平面波を使う光学系では，大きなホログラムを撮影する場合，口径の大きなレンズが必要になるが，図 4.16 のようにレンズレスの光学系では大きなレンズを用意しなくてもよい利点がある．4.5.2 節で紹介するギガピクセル DHM はこの特徴を利用している．

4.5.1 ガボール型カラーデジタルホログラフィック顕微鏡

図 4.16 のガボール型デジタルホログラフィの応用事例を二つ紹介する．**図 4.17**（口絵 8 ページ参照）はガボール型のカラーデジタルホログラフィック顕微鏡である[26]．左図は光学系で，ガボール型の光学系に RGB のレーザー光源を導入してカラーイメージングを行っている．右図はミバエの目（複眼）を撮影したもので，単眼を個別に観察することができている．一般的に物体は波長依存の吸収率をもつため，1 波長では物体のある部分が観察できないことがあるが，参照光の波長を増やすことでより詳細な観察を行うことができる．

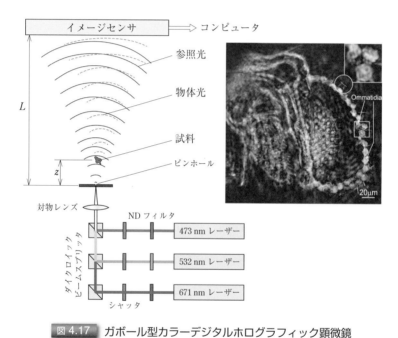

図 4.17 ガボール型カラーデジタルホログラフィック顕微鏡

［Reprinted with permission from OSA. (*Opt. Lett.*, 37(10):1724-1726, 2012)］

4.5.2 ギガピクセルデジタルホログラフィック顕微鏡

もう一つの例としてスキャナを用いた**ギガピクセルデジタルホログラフィック顕微鏡**を紹介する[27]．DHM では撮影できるホログラムのサイズが撮像素子サイズに限定される問題点がある．撮影されるホログラムが大面積であれば，再生像を広い領域で観察でき分解能の向上も期待できる．ただし，一般的な撮像素子は大型のものでも数 cm 角範囲の観察が限界であり，そ

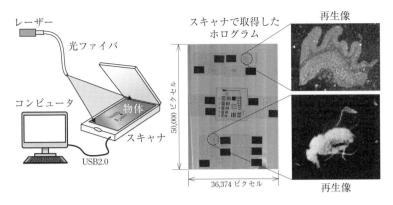

図 4.18 スキャナを用いたギガピクセルデジタルホログラフィック顕微鏡

れ以上の大きなホログラムを記録することができない．天体観測用途などで使われる超大型の撮像素子が開発されているが，非常に高価なもので入手は難しい．既存の撮像素子を使って大面積のホログラムを撮影する一般的な方法としては，撮像素子を移動ステージに取り付け，水平垂直に逐次移動させながらホログラムを取得する方法がある．このような方法を**合成開口デジタルホログラフィ**と呼ぶ．より簡便に大面積ホログラムを撮影するため，市販のフラットヘッドスキャナを撮像素子に用いた方法がある．

図 4.18 左はスキャナを用いた光学系で，物体をスキャナ面に直接おき，ガボール型ホログラムを撮影する．ガボール型光学系の利点は，広い範囲を照射するときでも特別な光学系が必要ないことである．このスキャナは原稿サイズ（A4 サイズ）の幅と同じ 1 次元撮像素子によりホログラムを直接スキャンすることができる．

図 4.18 中央は実際に複数の物体をスキャン面において撮影されたホログラムで，ホログラムの画素数は約 $50{,}000 \times 36{,}000$ ピクセル（約 1.8 ギガピクセル）であり，4,800 **dpi**（dots per inch）のサンプリング間隔でホログラムを記録できる（4,800 dpi は約 5.3 μm）．そのため，A4 サイズの再生像を得ることができる．図 4.18 右にこのホログラムからの再生像の一部を示す．上の再生像は胃壁，下の再生像はショウジョウバエとなっている．

4.6 位相シフトデジタルホログラフィ

4.6.1 基本原理

インライン型はオフアクシス型と比べて干渉縞間隔が緩やかになるため，

再生像の分解能や視野を大きくとれるが，再生像に共役光，直接光が重畳されてしまう問題がある．一方，オフアクシス型ではフィルタリングにより物体光のみを再生できるが，フィルタリングを行うため物体光の高周波成分が失われ，インライン型に比べ分解能が悪くなる．

位相シフトデジタルホログラフィ[28]はインライン型の利点を保ちつつ物体光のみを再生できる手法である．**図 4.19** は位相シフトデジタルホログラフィの光学系を示しており，インライン型デジタルホログラフィの光学系（図 4.8）とほぼ同じであるが，参照光の位相を微調整できる装置が組み込まれている．図 4.19 では**ピエゾ素子**と呼ばれる圧電素子を使って，参照光の位相を nm オーダーで精密に制御する[7]．

ここでは，**図 4.20** の振幅と位相分布をもつ物体を考え[8]，位相シフトデジタルホログラフィでこの振幅と位相が復元できるかを見てみよう．

ホログラム面上での物体光を U_o，位相を θ ずらした参照光を $U_r \exp(i\theta)$（波長は λ）と表現する．参照光の位相が θ だけずれたインラインホログラム I_θ は，

$$\begin{aligned}I_\theta &= |U_o + U_r \exp(i\theta)|^2 \\ &= |U_o|^2 + |U_r|^2 + U_o U_r^* \exp(-i\theta) + U_o^* U_r \exp(i\theta)\end{aligned} \quad (4.26)$$

と書ける．

位相シフトデジタルホログラフィでは，参照光の位相を 0，$\pi/2(=\lambda/4)$，$\pi(=\lambda/2)$，$3\pi/2(=3\lambda/4)$ とずらして 4 枚のインラインホログラムを撮影する（4 ステップ位相シフトデジタルホログラフィ）．例えば，赤色レーザー

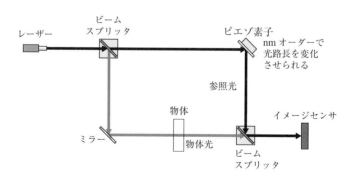

図 4.19 位相シフトデジタルホログラフィの光学系

---

[7] もしくは入射光の位相を正確に遅延させることのできる位相板を使ってもよい．
[8] 左は振幅の大きさを 256 階調で表示，右は位相（$-\pi \sim +\pi$ rad）を 256 階調で表示している．

図 4.20 物体の振幅と位相分布

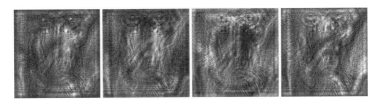

図 4.21 4 枚のインラインホログラム

（波長 λ=633 nm）の場合，参照光の位相を $\pi/2$ ステップでずらすにはピエゾ素子を使ってミラーを約 $633\,\text{nm}/4 \approx 158\,\text{nm}$ ずつずらせばよい．このとき各インラインホログラムは，

$$\begin{aligned}
I_0 &= |U_o|^2 + |U_r|^2 + U_o U_r^* + U_o^* U_r \\
I_{\frac{\pi}{2}} &= |U_o|^2 + |U_r|^2 - iU_o U_r^* + iU_o^* U_r \\
I_{\pi} &= |U_o|^2 + |U_r|^2 - U_o U_r^* - U_o^* U_r \\
I_{\frac{3}{2}\pi} &= |U_o|^2 + |U_r|^2 + iU_o U_r^* - iU_o^* U_r
\end{aligned} \tag{4.27}$$

となる．**図 4.21** に位相シフトを行った 4 枚のインラインホログラムを示す．

これらのインラインホログラムに対して (4.28) 式を計算すると，

$$\begin{aligned}
(I_0 - I_\pi) + i(I_{\frac{\pi}{2}} - I_{\frac{3}{2}\pi}) &= (2U_o U_r^* + 2U_o^* U_r) + (2U_o U_r^* - 2U_o^* U_r) \\
&= 4U_o U_r^*
\end{aligned} \tag{4.28}$$

となる．よって，物体光は

$$U_o = \frac{1}{4U_r^*}((I_0 - I_\pi) + i(I_{\frac{\pi}{2}} - I_{\frac{3}{2}\pi})) \tag{4.29}$$

で求めることができる．参照光の振幅が定数 1 と仮定できる場合，係数が省略できるので，

$$U_o = (I_0 - I_\pi) + i(I_{\frac{\pi}{2}} - I_{\frac{3}{2}\pi}) \tag{4.30}$$

とさらに簡単にできる．U_o はイメージセンサ上での物体光となっているため，再生像を観察する場合は物体が本来あった位置まで逆回折計算を行う必要がある．

図 4.22 は 4 ステップ位相シフトデジタルホログラフィのシミュレーション結果を示す．(a) は比較として，インラインホログラム 1 枚から再生を行った場合を示しており，物体光のほかに直接光，共役光が重畳してしまっている．(b) は 4 ステップ位相シフトデジタルホログラフィの再生像で，物体光の振幅，位相ともに復元できていることがわかる．

図 4.23 は光学実験の結果であり，被写体にサイコロを使い 4 枚のインラインホログラムから位相シフト法を使って得た再生像である．左図は撮影されたインラインホログラムのうちの 1 枚を使って得た再生像で，物体光のほかに共役光や直接光が重畳している．右図は位相シフト法を使って得た再生像で，物体光のみが再生できていることがわかる．

インラインホログ
ラムからの再生

位相シフトデジタルホログラフィ
での再生

(a)

(b)

図 4.22 位相シフトホログラフィの再生シミュレーション

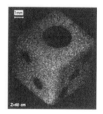

図 4.23 位相シフトデジタルホログラフィの再生像

[Reprinted with permission from OSA. (*Opt. Lett.*, 22(16):1268–1270, 1997)]

4.6.2 3ステップ位相シフトデジタルホログラフィ

位相シフトデジタルホログラフィは物体光のみを再生できるが，複数枚のホログラムを撮影する必要があるため，撮影に時間がかかることが欠点となっている．そのためホログラムの撮影回数は少ないほうが望ましい．

3ステップ位相シフトデジタルホログラフィ[29]では，参照光の位相を0，$\pi/2$，πとずらして，3枚のインラインホログラムを撮影する．

$$
\begin{aligned}
I_0 &= |U_o|^2 + |U_r|^2 + U_o U_r^* + U_o^* U_r \\
I_{\frac{\pi}{2}} &= |U_o|^2 + |U_r|^2 - i U_o U_r^* + i U_o^* U_r \\
I_\pi &= |U_o|^2 + |U_r|^2 - U_o U_r^* - U_o^* U_r
\end{aligned}
\tag{4.31}
$$

これらのインラインホログラムに対して(4.32)式を計算すると，

$$
(I_0 - I_{\frac{\pi}{2}}) + i(I_{\frac{\pi}{2}} - I_\pi) = 2(1+i) U_o U_r^* \tag{4.32}
$$

となる．3枚のインラインホログラムおよび参照光U_rは既知のため，物体光は，

$$
U_o = \frac{1-i}{4U_r^*} \left((I_0 - I_{\frac{\pi}{2}}) + i(I_{\frac{\pi}{2}} - I_\pi) \right) \tag{4.33}
$$

で計算できる．

図4.24に3ステップ位相デジタルホログラフィでの再生像の振幅と位相を示す．比較として4ステップ位相デジタルホログラフィの再生像も示す．原理的には3ステップと4ステップは同じ再生像となるが，実際に実験を行った場合は，ステップ数が少ないためノイズの影響を受けやすくなる．

図4.24　4ステップ位相シフトと3ステップ位相シフトの再生像の比較

4.6.3 2ステップ位相シフトデジタルホログラフィ

2ステップ位相シフトデジタルホログラフィ[30]では，参照光の位相を 0, θ とずらして，2枚のインラインホログラムを撮影する[9]．

$$\begin{aligned} I_0 &= |U_o|^2 + |U_r|^2 + U_o U_r^* + U_o^* U_r \\ I_\theta &= |U_o|^2 + |U_r|^2 + U_o U_r^* \exp(-i\theta) + U_o^* U_r \exp(i\theta) \end{aligned} \quad (4.34)$$

前述の二つの位相シフト法と異なり，2ステップ位相シフト法ではさらに事前情報として，物体光の強度分布 $|U_o|^2$ と参照光の複素振幅 U_r，および $|U_r|^2$（U_r から求まる）が必要になる[10]．

事前情報 $|U_o|^2$ と $|U_r|^2$ を使って

$$I_0 - |U_o|^2 - |U_r|^2 \quad (4.35)$$

を計算しておく．同様に，事前情報 $|U_o|^2$, $|U_r|^2$, $\exp(-i\theta)$ を使って，

$$\exp(-i\theta)(I_\theta - |U_o|^2 - |U_r|^2) \quad (4.36)$$

を計算しておく．これらの結果同士を引くと，

$$\begin{aligned} &(I_0 - |U_o|^2 - |U_r|^2) - \exp(-i\theta)(I_\theta - |U_o|^2 - |U_r|^2) \\ &= U_o U_r^* (1 - \exp(-i2\theta)) \end{aligned} \quad (4.37)$$

となる．よって，物体光は

$$U_o = \frac{I_0 - |U_o|^2 - |U_r|^2 - \exp(-i\theta)(I_\theta - |U_o|^2 - |U_r|^2)}{U_r^* (1 - \exp(-i2\theta))} \quad (4.38)$$

で計算できる．

4.6.4 1ステップ位相シフトデジタルホログラフィ

位相シフトデジタルホログラフィは物体光のみを再生できる利点があるが，複数回のホログラム撮影が必要で高速な撮影を行えない欠点がある．高速撮影には1回の撮影で位相シフトデジタルホログラフィ（1ステップ位相シフトデジタルホログラフィ）を実現することが望ましい．1ステップ位相シフトデジタルホログラフィにはいくつかの方法が提案されているが，ここでは**並列位相シフトデジタルホログラフィ**を紹介する[31]．

---

[9] ここで紹介する以外の 2 ステップ位相シフトデジタルホログラフィも提案されている．
[10] 物体光の強度分布は事前にカメラで撮影できる．参照光の複素振幅は干渉計測などを用いて計測しておく必要がある．

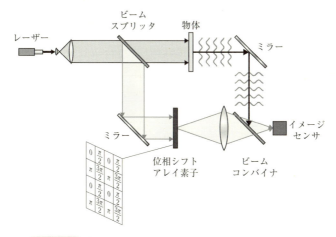

図 4.25 並列位相シフトデジタルホログラフィの光学系

[文献 [31, 32] を参考に作成]

図 4.25 に並列位相シフトデジタルホログラフィの光学系を示す[31]．基本的にはインライン型の光学系であるが，参照光側に位相シフトアレイ素子が配置してあることがインライン型光学系と異なる．入射された平面波は位相シフトアレイ素子の各部分で $0, \pi/2, \pi, 3\pi/2$ の遅延（位相シフト）が同時に生じるように設計されている．このような位相シフトアレイ素子は必要な位相シフト量が得られるようにガラス板の厚みを加工するなどして実現できる．

位相シフト素子を透過した平面参照光はレンズを通して，イメージセンサの各ピクセルに対応付けられる．この平面参照光と物体光がイメージセンサ上で干渉することで，$0, \pi/2, \pi, 3\pi/2$ の位相シフトを行ったホログラムを同時に撮影することができる．

イメージセンサの 2×2 画素に $0, \pi/2, \pi, 3\pi/2$ の位相シフトを行ったホログラムの 1 画素分が記録されると考える．同じ位相シフト量をもつ画素を抜き出すが画素の抜けが生じるため，補間処理を行うことで画素の抜けがないホログラムを生成する．これにより，4 ステップ位相シフトを行ったホログラムを得ることができるので，(4.29) 式を使ってホログラム面上の物体光を復元することができる．これを元の位置まで逆伝搬させることで，物体光を再生することができる．

他の 1 ステップ位相シフトデジタルホログラフィにはタルボ効果を使用したもの[33,34]，ランダム参照光[35] や斜め参照光[36] を使用したものも提案されている．

STORY 7　レインボーホログラム

　1968 年,ポラロイド社のベントン (S.A. Benton; 1941-2003) は,デニシュウクとは異なる方法の白色光再生ホログラムを開発した.縦方向に視点を動かすと虹のように色が変わることから,レインボーホログラムと呼ばれる.同じ白色光再生であるが,デニシュウクホログラムが反射型であるのに対して,レインボーホログラムは透過型である.大型な作品を作ることができ,複製も容易であったことから,ホログラムの普及に大きな役割を果たした.

　それまでの手法と違い,人間の視覚特性を利用している点で技巧的であり,逆にいえば創造性に富んでいる.人間の立体に対する視覚は水平方向に強く,垂直方向には弱い.そのため,縦方向の視差をなくせば白色光再生のボケを減少させることができる.つまり,水平方向は 3 次元的であるが,垂直方向は 2 次元的なホログラムである.

　作製は 2 段階に分けて行われる.まず,通常の方法でホログラムを作る.これをマスターホログラムとして,水平方向に細いスリットをおいて参照光を照射し,実像を結像させる.その位置に感光材料をおき,レインボーホログラムを作製する.ホログラムは冗長性の高い記録手法であり,どの部分にも全体の情報が含まれている.したがって,細いスリットからでも元の 3 次元像が再生される.ただし,水平方向のスリットを通すため,縦方向の視差は再現できなくなる.

　なぜこれで白色光再生が可能になるのだろうか.

　ポイントは,スリットそのものもホログラムに記録されていることである.そのスリットを通して元画像の回折光が出てくる.レインボーホログラムに白色光を照射すると,細いスリットは波長ごとに再生される.屈折率の違いで,赤色から青色へ順にスリットが分光される.虹と同様の原理であり,レインボーホログラムと呼ばれる所以である.固定された目の位置では単色光の再生となり,ボケのない像が観察される.さらに,縦方向に目を動かすと,同じ再生像でも違う色で見える.

　3 原色の光源で 3 枚のマスターホログラムを作り,1 枚のレインボーホログラムに多重記録すればカラー再生も可能である.

　レインボーホログラムでは縦方向の視差情報を犠牲(無効)にする.それは 3 次元再生という点では欠点にも思われる.デニシュウクホログラムでは見る位置で色が変化するようなことはない.

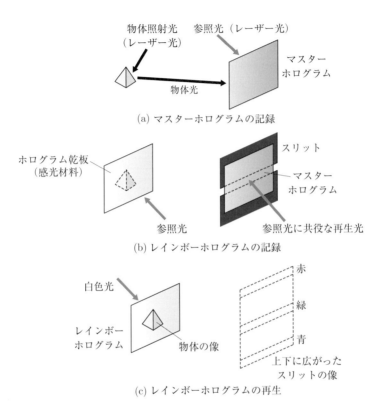

レインボーホログラムの原理

　一方で，縦方向の情報をなくしたことで干渉縞は比較的粗くて済むという利点も生み出した．そのため，レインボーホログラムは量産や複製が容易である．印刷などの応用にも早くから用いられ，アート作品のみならず，ホログラムの実用化に大きく寄与している．

STORY 8　電子顕微鏡とホログラフィのノーベル賞

　科学技術の業績をノーベル賞ではかるのは，多様化を続ける現代にはそぐわないかもしれない．しかし，顕微鏡という一つの軸で眺めてみると，興味深い状況が浮かんでくる．

　まず，電子顕微鏡とホログラフィの関係である．ホログラフィの発明は，直接的には電子顕微鏡の改良のためであった（STORY3）．しかし，ノーベル賞の受賞はホログラフィのほうが15年も早い．ガボールは1971年にノーベル物理学賞を受賞している．

　この理由については，1960年のレーザーの発明によるところが大きい．ホログラフィは電子顕微鏡と切り離され，同じカテゴリで競われる対象からは外れたものと考えられる．レーザーそのものは1964年にノーベル物理学賞を受賞しているが，その後，レーザーの恩恵を受けた研究が，少なくとも10件以上，ノーベル賞を受賞している．そういう点では，電子顕微鏡とホログラフィの受賞年度を比べることには，あまり意味はないものと思われる．

　それでは顕微鏡同士を比較してみるとどうなるだろうか．電子顕微鏡がノーベル賞を受賞するまでに二つの顕微鏡がノーベル賞を受賞している．STORY2で紹介した限外顕微鏡と位相差顕微鏡で，どちらも光学顕微鏡である．しかも受賞年が早い．1903年に発明された限外顕微鏡が1925年で，1935年に発明された位相差顕微鏡が1953年である．これに対して，20世紀の物理学革命によって生み出された電子顕微鏡が長きにわたってノーベル賞の栄誉に届かなかったのは不思議である．電子顕微鏡に対するノーベル物理学賞は1986年であり，受賞者の1人であるルスカが1931年に初めて電子顕微鏡を開発してから，50年を超える歳月を要していた．

　「受賞者の1人」と記述したのは，この年の受賞者は3名だったからである．他の2名は1978年に走査型トンネル電子顕微鏡を開発したビーニッヒ（G. Binnig; 1947–）とローラー（H. Rohrer; 1933–2013）である．同じ電子顕微鏡でも，走査型トンネル電子顕微鏡はルスカの電子顕微鏡（今日では透過型と呼ばれている）とは原理が異なる．もし，走査型トンネル電子顕微鏡の評価が高く，その抱き合わせでルスカの受賞につながったとしたら，その選考には疑問が残る．電子顕微鏡ほどの研究開発であれば，走査型トンネル電子顕微鏡のブレークスルーとは関係なく，もっと早く評価されてもよかったのではないかと思うか

らである．

関係者の焦燥もかなりのものがあったらしく，『電子顕微鏡をつくった人びと』（朝倉健太郎，安達公一．医学出版センター，1989）に興味深い記述がある．

「筆者らは，電子顕微鏡の発明者にノーベル賞の授与はないものとした前提で"電子顕微鏡の発明者にノーベル賞は与えられなかった（『金属』50巻，1980年）"を記述した」

ノーベル賞の自然科学3部門（物理学，化学，医学生理学）の受賞条件に「存命中の人物であること」が明記されている．これは，過去の科学者を入れないための措置である．この条件がないと，ニュートンやガリレオなど，過去の大科学者が延々と続くことになるという理由である．この条件からも『電子顕微鏡をつくった人びと』の記述は理解できる．1986年にノーベル賞を受賞したルスカはその2年後の1988年に他界している．さらにいえば，ルスカを指導したクノールはすでに他界しており，選考の対象外であった．

電子顕微鏡がなかなか受賞に至らなかった理由はいろいろ推測されているが，決定的なものは見当たらない．19世紀までの光学顕微鏡は細菌学を大きく向上させ，人類に貢献した．20世紀の電子顕微鏡はウイルスをもとらえている．人類への貢献という意味では，ノーベル賞にふさわしい科学技術であることは間違いない．

1920年代後半，電子顕微鏡の要素技術はそろっていた．ただし，実現には懐疑的で，開発を試みる人は少なかった．後にガボールは，当時の否定的な雰囲気を回顧している．若き日のガボールは友人との会話の中で次のように語ったという．

「電子線に当たればすべての物は燃えて灰になってしまうだろう」

その中にあって，ベルリン工科大学のクノールは，24歳の大学院生ルスカに電子顕微鏡の研究課題を与えた．そして，世界で初めての電子顕微鏡が誕生するのである．

第5章 ホログラフィの応用事例

　ここまで，コンピュータホログラフィを使った3次元ディスプレイ（電子ホログラフィ）と計測への応用（デジタルホログラフィ）を紹介した．コンピュータホログラフィには，ほかにもさまざまな応用がある．本章では，デジタルホログラフィとは異なる技術であるが，コンピュータホログラフィと併用されることが多い位相回復アルゴリズムについて紹介する．また，DVDやBlu-rayといった光を使った記録媒体の性能を凌駕する可能性のあるホログラフィックメモリ，ホログラフィを使ったプロジェクションについて紹介する．

5.1 位相回復アルゴリズム

　ホログラフィは物体光と参照光の干渉により，干渉縞に物体光の複素振幅情報を記録する．光を対象にしたホログラフィでは光学素子を使用して光を操作することは容易であるが，X線や電子線という波長帯では，レンズなどの素子が簡単には使えない場合がある．X線や電子線などの分野では，参照光を用いずに**図5.1**のような簡単な光学系で物体光の回折強度分布を撮影し，回折強度分布のみから物体光の複素振幅を復元する**位相回復アルゴリズム**

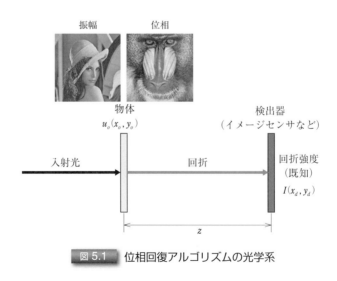

図5.1 位相回復アルゴリズムの光学系

と呼ばれる研究が行われている[37]．位相回復アルゴリズムはホログラフィとは別の技術ではあるが，近年ではデジタルホログラフィや計算機合成ホログラムとの併用も進んでおり関連も深いため，ここで紹介する．

5.1.1 Gerchberg–Saxton アルゴリズム

GerchbergとSaxtonによって開発された**Gerchberg–Saxton アルゴリズム**（**GS アルゴリズム**）は，イメージセンサなどの検出器で計測された物体の回折強度分布と既知情報から，回折計算と逆回折計算を繰り返すことで，物体光の複素振幅を復元する手法である．ホログラフィは参照光と物体光を干渉させ，干渉縞に物体光の振幅・位相情報を記録するが，位相回復アルゴリズムで使用する回折強度パターン自体には物体光の位相情報は記録されていない．

位相回復アルゴリズムは現在もさまざまな手法が提案されているが，GS アルゴリズムをベースにしたものが多い．

GS アルゴリズムの既知情報は物体の振幅情報 $a_o(x_o, y_o)$ と回折強度パターン $I(x_d, y_d)$ であり，(x_o, y_o) は物体面の座標，(x_d, y_d) は検出器面の座標を表す[1]．これらの情報を事前に計測しておく必要がある．**図 5.2** に GS アルゴリズムの計算の流れを示す．GS アルゴリズムは以下のステップで位相 $\phi_o(x_o, y_o)$ を回復させる．

1. 物体の初期複素振幅を以下で表す．

$$u_o(x_o, y_o) = a(x_o, y_o) \exp(i\phi_o(x_o, y_o)) \tag{5.1}$$

初期の物体の位相 $\phi_o(x_o, y_o)$ は未知なので $0\sim 2\pi$ rad のランダムな位相分布を与えることが多い．

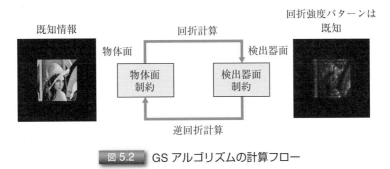

図 5.2 GS アルゴリズムの計算フロー

---
[1] 変数の添字 o は物体（object），d は検出器（detector）を表す．

2. 次に，この初期複素振幅からイメージセンサまでの回折計算を行う．

$$u_d(x_d, y_d) = \text{Prop}_z[u_o(x_o, y_o)] \tag{5.2}$$

3. 検出面での制約[2]を行う．$u_d(x_d, y_d)$ に対して，位相は保持し振幅のみ既知情報 $I(x_d, y_d)$ で置き換える操作を行う．

$$\begin{aligned} u'_d(x_d, y_d) &= \sqrt{I(x_d, y_d)} \exp\left(i \tan^{-1} \frac{\text{Im}\{u_d(x_d, y_d)\}}{\text{Re}\{u_d(x_d, y_d)\}}\right) \\ &= \sqrt{I(x_d, y_d)} \frac{u_d(x_d, y_d)}{|u_d(x_d, y_d)|} \end{aligned} \tag{5.3}$$

どちらの式も同じ操作を表しており，振幅の置き換えを行っている．また，$I(x_d, y_d)$ に対して平方根をとるのは，検出される回折強度が振幅の絶対二乗のためである．

4. $u'_d(x_d, y_d)$ に対して逆回折計算を行い，物体面での複素振幅を求める．

$$u'_o(x_o, y_o) = \text{Prop}_{-z}[u'_d(x_d, y_d)] \tag{5.4}$$

5. 物体面での制約を行う．$u_o(x_o, y_o)$ に対して，位相は保持し振幅のみ既知情報 $a(x_o, y_o)$ で置き換える操作を行う．

$$\begin{aligned} u_o(x_o, y_o) &= a(x_o, y_o) \exp\left(i \tan^{-1} \frac{\text{Im}\{u'_o(x_o, y_o)\}}{\text{Re}\{u'_o(x_o, y_o)\}}\right) \\ &= a(x_o, y_o) \frac{u'_o(x_d, y_d)}{|u'_o(x_d, y_d)|} \end{aligned} \tag{5.5}$$

ステップ 2〜5 を繰り返すことで，徐々に物体の位相 $\phi_o(x_o, y_o)$ が回復されていく．

図 5.3 にシミュレーションによる GS アルゴリズムの効果を示す．図 (a) は GS アルゴリズムを用いずに直接，回折強度パターンから逆回折計算で再生したもので，物体の振幅・位相ともに認識できない[3]．図 (b), (c), (d) は GS アルゴリズムをそれぞれ 1 回，10 回，100 回行った結果となっている．反復回数が増えると物体の振幅・位相ともに復元されていく様子がわかる．

GS アルゴリズムで物体光が復元される直感的な理由は，ステップ 2〜5 の反復計算を通して，物体光の未知の位相成分が徐々に既知情報（物体光の強

---

[2] 計算結果の一部を既知情報で置き換える操作．
[3] 回折強度パターンには特に位相を付与せず（位相はゼロ），逆回折計算を行った．

(a) GS アルゴリズムを使用しない場合
(b) GS アルゴリズムを使用（反復回数：1回）

(c) GS アルゴリズムを使用（反復回数：10回）
(d) GS アルゴリズムを使用（反復回数：100回）

図 5.3　GS アルゴリズムによる物体光の復元.

度情報と回折強度パターン）に合致するように復元されるためである.

上記のように GS アルゴリズムは回折計算と逆回折計算を反復させる．波長の短い X 線や電子線では，波長に比して検出器と物体間の距離が長いため，回折はフーリエ変換で計算できる**フラウンホーファ回折**と見なすことができる．そのため，回折計算と逆回折計算は単純なフーリエ変換に置き換えることができるため，GS アルゴリズムは**フーリエ反復法**とも呼ばれる．

5.1.2 エラーリダクション法

GS アルゴリズムでは，既知情報に物体光の振幅が要求される．しかし，物体光の振幅は事前にわからないことのほうが多い．**エラーリダクション法**[38]は既知情報に物体光の振幅の代わりに，以下の既知情報を使用する．

・サポート
・非負拘束条件

サポートとは物体の存在する範囲をいう．**非負拘束条件**は復元した物体の振幅が負値をとらないという既知情報である．5.1.1 節で紹介した GS アルゴリズムのステップ 5 の物体面制約を，サポートや非負拘束条件のいずれか（あるいはその両方）に置き換えることで実装できる．**図 5.4** にエラーリダクション法の計算フローと復元した物体光の振幅と位相を示す．

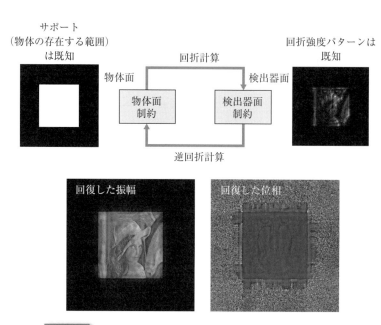

図 5.4 エラーリダクション法の計算フローと物体光の復元

エラーリダクション法で物体光が復元される直感的な理由は，GS アルゴリズムと同様に反復計算を通して，未知の物体光の位相成分が徐々に既知情報（サポートや回折強度パターン）に合致するように復元されるためである．サポートは以下の式を使う．

$$u_o(x_o, y_o) = \begin{cases} u'_o(x_o, y_o) & (\text{サポート内}) \\ 0 & (\text{サポート外}) \end{cases} \quad (5.6)$$

5.1.3 HIO 法

HIO 法 (hybrid input-output algorithm)[38] は，GS アルゴリズムのステップ 5 の物体面制約を，以下の更新式で置き換えたものである．

$$u_o(x_o, y_o) = \begin{cases} u'_o(x_o, y_o) & (\text{サポート内}) \\ u_o(x_o, y_o) - \beta u'_o(x_o, y_o) & (\text{サポート外}) \end{cases} \quad (5.7)$$

β は 0～1 の間をとる重みであり，経験的に 0.9 程度にすることが多い．エラーリダクション法ではサポート外の領域をばっさりとゼロに落としてしま

うが，HIO 法では誤差をとることで，反復計算でしばしば問題になる位相回復の停滞を回避している．

5.1.4 複数の回折パターンを用いた位相回復アルゴリズム

ここでは図 5.5 のように，物体からの回折強度パターンを奥行き方向に少しずつずらしながら複数撮影を行い，これらの回折強度パターンから物体の複素振幅を再生する手法を紹介する[39]．

イメージセンサを奥行き方向に Δz だけずらしながら j 枚の回折強度パターンを撮影する．回折強度パターンはそれぞれ異なるパターンとなっており，これらを既知情報として以下の反復計算を行い，物体 u_o の複素振幅を復元する．

1. 物体から距離 z だけ離れた位置での物体光の複素振幅は，この位置のイメージセンサでとらえた回折強度パターン $I_0(x, y)$ を使うと，

$$u_0(x, y) = \sqrt{I_0(x, y)} \exp(i\phi_0(x, y)) \tag{5.8}$$

と書ける．ここで，$\phi_0(x, y)$ はこの位置での物体光の初期の位相で，文献[39] では 0 としている．

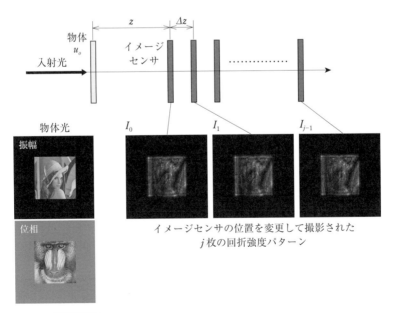

図 5.5 複数の回折パターンを用いた位相回復アルゴリズム

2. 次に，$u_0(x,y)$ を Δ_z だけ伝搬させると，

$$u_1(x,y) = \text{Prop}_{\Delta_z}[u_0(x,y)] \tag{5.9}$$

と書ける．この位置（物体から $z + \Delta_z$ の位置）での回折強度パターン $I_1(x,y)$ はあらかじめ計測してあるので，$u_1(x,y)$ の振幅のみを置き換えると，この位置での物体光の複素振幅は，

$$\begin{aligned} u_1'(x,y) &= \sqrt{I_1(x,y)} \exp\left(i \tan^{-1} \frac{\text{Im}\{u_1(x,y)\}}{\text{Re}\{u_1(x,y)\}}\right) \\ &= \sqrt{I_1(x,y)} \frac{u_1(x,y)}{|u_1(x,y)|} \end{aligned} \tag{5.10}$$

となる．

3. ステップ 2 と同様のことを行うと，位置 $z + j\Delta_z$ での物体光の複素振幅は，

$$\begin{aligned} u_j'(x,y) &= \sqrt{I_j(x,y)} \exp\left(i \tan^{-1} \frac{\text{Im}\{u_j(x,y)\}}{\text{Re}\{u_j(x,y)\}}\right) \\ &= \sqrt{I_j(x,y)} \frac{u_j(x,y)}{|u_j(x,y)|} \end{aligned} \tag{5.11}$$

と求めることができる．ここで，$u_j(x,y)$ は，

$$u_j(x,y) = \text{Prop}_{\Delta_z}[u_{j-1}(x,y)] \tag{5.12}$$

と定義した．

4. 求めたい物体光 $u_o(x,y)$ はイメージセンサから見ると $-(z+j\Delta_z)$ の位置にあるので，$u_j'(x,y)$ を以下のように逆伝搬させることで求めることができる．

$$u_o(x,y) = \text{Prop}_{-(z+j\Delta_z)}[u_j(x,y)] \tag{5.13}$$

図 5.6 は回折強度パターンを 8 枚と想定した場合のシミュレーション結果である．多少のノイズが見られるが，物体光の振幅，位相ともに復元できていることがわかる．既知の回折強度パターンを増やせば再生像の画質をさらに向上できる．

図 5.7 は実際の光学系で実験を行った結果であり，既知の回折強度パターンを 21 枚使用している．回折強度パターンから物体光の振幅（図 (a)）および位相（図 (b)）が復元できていることがわかる．

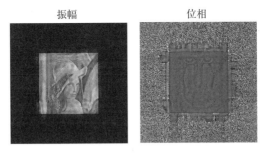

図 5.6 シミュレーションによる再生像．振幅，位相ともに復元できていることがわかる

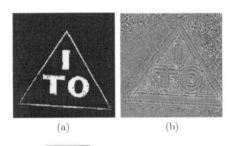

図 5.7 光学系による再生像

[Reprinted with permission from OSA. (*Opt. Lett.*, 30(8):833–835, 2005)]

5.2 ホログラフィックメモリ

5.2.1 基本原理

　光を使ったデジタルデータの記録媒体に CD（compact disk），DVD（digital versatile disk），Blu-ray ディスクなどがある．これらは円盤状のプラスチックに微小な凹凸（ピット）を記録し，レンズで集光したレーザー光をこのピットに当て，その反射光を読み出すことでデジタルデータの読み出しを行う．メモリ容量を高めるためにはピットを微小化すればよいが，レーザー光の集光も小さくする必要がある．ピットに当てる集光されたレーザー光の径 d は，

$$d \propto \frac{\lambda}{\mathrm{NA}} \tag{5.14}$$

で決まる．ここで，λ は波長，NA はレーザーを集光させるレンズの**開口数**である．Blu-ray ディスクでは最小ピットが $0.15\,\mu\mathrm{m}$ となっており，これ以上の高密度化を行うにはレーザーの短波長化や高 NA のレンズを使う必要が

あるが，限界に来ている．

ホログラフィを利用した**ホログラフィックメモリ**は，記録したいデジタルデータを2次元のパターン（**ページデータ**）にし，これをホログラムとして記録媒体に記録する．ホログラフィックメモリは記録媒体の厚さ方向にもホログラムを記録するのが一般的であり，3次元的な光メモリとなっている．ホログラフィックメモリの主な特徴を以下に示す．

- データを2次元データで読み書きできるためアクセス速度が速い．
- ホログラムの多重記録特性により同じ記録領域に複数のページデータを記録可能．メモリ容量が大きい．
- ホログラムは冗長な記録が可能なため記録媒体が多少欠損しても記録したデータの復元が期待できる．

図 5.8 にCD，DVD，Blu-ray ディスク，ホログラフィックメモリのメモリ容量とデータ転送速度を示す．Blu-ray ディスクではメモリ容量が50 GB でデータ転送速度が30 Mbps（bits per second）程度なのに対して，ホログラフィックメモリはBlu-ray ディスクと同サイズ（5インチ）に1 TB以上の情報の記録が可能であり，データ転送速度も1 Gbps以上での読み出しが原理的に可能である．

ホログラフィックメモリの原理を**図 5.9** に示す．記録したいデジタルデータを2次元に並び替えてページデータとし，これをLCDなどの空間光変調

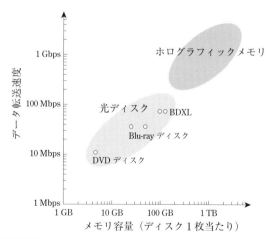

図 5.8 ホログラフィックメモリの転送速度とメモリ容量

［文献[40] を参考に作成］

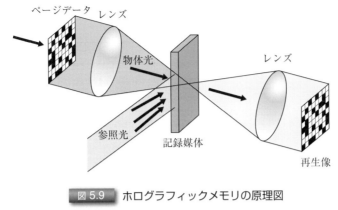

図 5.9 ホログラフィックメモリの原理図

[文献[41] を参考に作成]

器に表示する．空間光変調器にレーザー光を照射し物体光（ホログラフィックメモリの分野では**信号光**とも呼ばれる）とする．記録密度を高めるために物体光はレンズで縮小して記録媒体の微小な領域に照射する．この物体光と参照光を記録媒体上で干渉させページデータをホログラムとして記録することができる．このとき，記録媒体が波長に比べて十分な厚みをもつ場合，干渉縞は奥行き方向にも記録される**ボリュームホログラム**となる．

ホログラフィックメモリの代表的な記録媒体には以下のものがある．

- 銀塩感光材料
- フォトリフラクティブ材料
- フォトポリマー（光硬化樹脂）

銀塩感光材料はアナログのホログラフィ撮影でもよく使用されていた記録媒体であり，ホログラフィックメモリの初期の研究で使用されていた．**フォトリフラクティブ材料**は，入射した光の強度に応じて屈折率が変化するような材料である．記録した情報の書き換えが可能という特徴をもつ．**フォトポリマー**（光硬化樹脂）もよく使用される．フォトポリマーは特定の波長にのみ反応して硬化する材料であり，1回の書き込みのみとなっている．

記録したデータを読み出すには，このホログラムに再生光を照射し再生されたページデータをCCDイメージセンサで撮影すればよい．ホログラフィックメモリの歴史は古い．その原点は1949年のガボールの論文にまで遡る．

5.2.2 厚みのあるホログラム

ホログラフィックメモリはページデータを厚いホログラムとして記録するのが主流である．薄いホログラムと異なり，厚みのあるホログラムでは記録時と同様の波長と入射角のみでしか物体光が再生されない．このような特定の条件でのみ回折光が現れる現象を**ブラッグ回折**と呼ぶ．

図 **5.10**(a) のように厚みが t の記録媒体に，物体光 u_o（波数ベクトル $\mathbf{k}_o$）と参照光 u_r（波数ベクトル $\mathbf{k}_r$）が入射したときにできるホログラムの干渉縞を考えてみよう．ここでは簡単のため物体光と参照光は振幅が 1 の平面波とすると，それぞれ，

$$u_o = \exp(i\mathbf{k}_o\cdot\mathbf{r}) = \exp(ik(x\sin\theta_o + z\cos\theta_o)) \quad (5.15)$$
$$u_r = \exp(i\mathbf{k}_r\cdot\mathbf{r}) = \exp(ik(-x\sin\theta_r + z\cos\theta_r)) \quad (5.16)$$

と書ける．ここで $\mathbf{r}$ は位置ベクトル，$k = 2\pi/\lambda$（λ は波長）は波数となっている．よってホログラム $I(x,z)$ は，

$$\begin{aligned}I(x,z) &= |u_o + u_r|^2 = 2 + 2\cos((\mathbf{k}_o - \mathbf{k}_r)\cdot\mathbf{r})\\ &= 2 + \underbrace{2\cos(k(x(\sin\theta_o + \sin\theta_r) + z(\cos\theta_o - \cos\theta_r)))}_{\text{記録媒体中にできる干渉縞}}\end{aligned} \quad (5.17)$$

となる．第 2 項が干渉縞を表す．干渉縞が強め合う条件は第 2 項の位相が

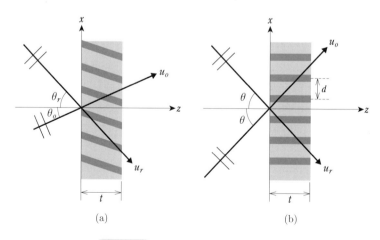

図 5.10　厚みのあるホログラムの記録

$2\pi n$（n は整数）のときなので，

$$k(x(\sin\theta_o + \sin\theta_r) + z(\cos\theta_o - \cos\theta_r)) = 2\pi n \quad (5.18)$$

となる．この方程式を満たす干渉縞が，厚さ t の記録媒体の x, z 軸方向に記録されることになる．

図 5.10(b) のように物体光と参照光の入射角が同じ場合（$\theta_o = \theta_r = \theta$），(5.17) 式の z に関する項がゼロになる．ホログラムの干渉縞は，

$$x = \frac{n\pi}{k\sin\theta} = \frac{n\lambda}{2\sin\theta} \quad (5.19)$$

となり，x 軸方向に変化し z 軸方向には一様な構造をもつ．干渉縞間隔 d は，

$$d = \frac{\lambda}{2\sin\theta} \quad (5.20)$$

となる．

図 5.10(b) のホログラムからの再生を直感的に考えてみよう[42]．このホログラムに平面波の再生光を角度 α で入射させた場合，**図 5.11**(a) のようにホログラムの各層からの散乱光が生じ，記録した物体光が再生される．物体光の強め合う方向は，以下の両条件が一致したときだと考えられる．

・ある層の異なる位置からの物体光が強め合う場合（図 5.11(b)）
・異なる層からの物体光が強め合う場合（図 5.11(c)）

図 5.11(b) において物体光の強め合う条件は，異なる位置にあたった再生光の距離を l とすると，① と ② の光路差は入射に対しては ② のほうが $l\cos\alpha$

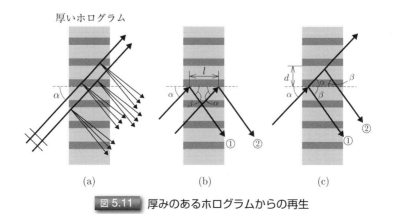

図 5.11 厚みのあるホログラムからの再生

長く，反射に対しては ② のほうが $l\cos\beta$ 短い．したがって，

$$l(\cos\alpha - \cos\beta) = m\lambda \tag{5.21}$$

と書ける．ここで，m は整数である．また，図 5.11(c) において物体光の強め合う条件は，② のほうが ① よりも入射光に対して $d\sin\alpha$ 長く，反射光に対して $d\sin\beta$ 長いので，

$$d(\sin\alpha + \sin\beta) = m\lambda \tag{5.22}$$

と書ける．任意の l に対して (5.21) 式が成り立つ条件は，

$$\alpha = \beta \tag{5.23}$$

のときのみである．これを (5.22) 式に代入すると，

$$2d\sin\alpha = \lambda \tag{5.24}$$

となる．よって，

$$\alpha = \beta = \sin^{-1}\frac{\lambda}{2d} \tag{5.25}$$

である．(5.20) 式を (5.25) 式に代入すると，

$$\alpha = \beta = \sin^{-1}\frac{\lambda}{2\frac{\lambda}{2\sin\theta}} = \theta \tag{5.26}$$

となる．(5.26) 式は，ホログラムを記録したときの波長と参照光の入射角度 $\alpha = \theta$ と同じ再生光をホログラムに入射すれば，物体光が $\beta = \theta$ 方向に再生できることを示している．この角度を**ブラッグ角**といい，このとき，再生物体光は最も高い**回折効率**[4] をもつ．この角度から外れた場合，物体光は急激に減少する．

5.2.3 波数ベクトルによる厚いホログラムの表現

厚いホログラムは波数ベクトルとホログラムの中に形成される干渉縞による格子の向き（**格子ベクトル**）を使うことで表現できる．5.2.2 節で述べたホログラムは物体光，参照光ともに角度 θ で入射した場合であった．

---

[4] 入射光のエネルギーのうちどの程度の割合で回折光として使われているかを表す．回折効率が 1（100％）の場合，すべての入射光のエネルギーが回折光になる．

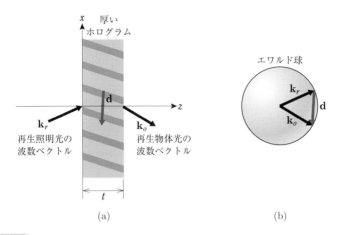

図 5.12 波数ベクトルと格子ベクトルによる厚いホログラムからの再生の表現

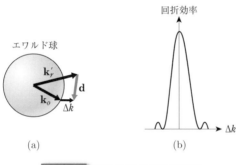

図 5.13 再生物体光の回折効率

　図 5.10(a) のように物体光，参照光が異なる角度で入射した場合の厚いホログラムからの再生を考えてみよう．**図 5.12** のように干渉縞の格子ベクトルが $\mathbf{d}$ の厚いホログラムに，波数ベクトル $\mathbf{k}_r$ の再生照明光が照射されると，波数ベクトル $\mathbf{k}_o$ の再生物体光が再生される．再生物体光の向きは，3 本のベクトルが図 5.12(b) に示した円（**エワルド球**）に接するような方向に決定され，このとき，高い回折効率をもつ．

$$\mathbf{k}_o = \mathbf{k}_r + \mathbf{d} \tag{5.27}$$

　記録時の参照光とは異なる再生照明光 $\mathbf{k}'_r$ を厚いホログラムに照射すると，再生物体光の回折効率は急激に減少する．**図 5.13** のように波数ベクトルの表現ではエワルド球には収まらず $\Delta \mathbf{k}$ だけずれる．これを波数ベクトルと格子ベクトルで表現すると以下のようになる．

$$\mathbf{k}_o = \mathbf{k}'_r + \mathbf{d} - \Delta\mathbf{k} \tag{5.28}$$

再生物体光の回折効率 η は[5]

$$\eta \propto \mathrm{sinc}^2(\frac{t\Delta\mathbf{k}\cdot\mathbf{e}_z}{2}) \tag{5.29}$$

で表される[43,44,45].ここで,t はホログラムの厚みを表す.$\mathbf{e}_z$ は z 軸方向への単位ベクトルとなっている.$\mathrm{sinc}\,(x) = \sin(\pi x)/\pi x$ は sinc 関数と呼ばれる.

再生物体光の回折効率は図 5.13(b) のように,$\mathbf{k}'_r$ が記録時の参照光と同じ場合(ブラッグ角:$\mathbf{k}'_r = \mathbf{k}_r$),$\Delta\mathbf{k}$ はゼロになるので回折効率が最大になるが,記録時の参照光と条件がずれると急激に回折効率が落ちる特性をもつ.

5.2.4 角度多重記録方式

ホログラフィックメモリはブラッグ条件を利用して記録媒体の同一箇所に複数のページデータを多重記録することで高密度な記録を可能にしている.このような記録方法を多重記録と呼び,いくつかの方法が提案されている.

- 角度多重方式
- 波長多重方式
- シフト多重方式

ここでは**角度多重方式**を紹介する.この方式のシステムを**図 5.14** に示す.空間光変調器にページデータを表示し,レンズで縮小したページデータを記録媒体に照射する.また,参照光を照射することで記録媒体に厚いホログラムとしてページデータを記録することができる.記録したページデータを読み取るには,参照光と同じ角度の再生照明光を照射すれば物体光が再生され,その物体光をイメージセンサで撮影すればページデータを復元できる.

空間光変調器に他のページデータを次々に表示すれば,ページデータを同一箇所に多重記録することができるが,参照光に同じものを使用してしまうと再生時にすべてのページデータが同時に読み出されクロストーク[6]になり,所望のページデータをうまく復元できない.

そこで,角度多重記録方式では,厚いホログラムがブラッグ角を外れると急

---

[5] Kogelnik による結合波理論(coupled-wave theory)から導出できるが,本書の範疇を超える.ここでは結果のみを示す.
[6] 信号が混じり合うこと.

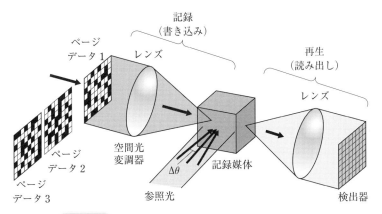

図 5.14 角度多重方式によるホログラフィックメモリ

[文献[40, 41] を参考に作成]

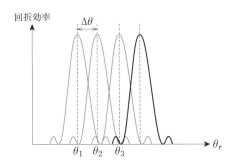

図 5.15 角度多重方式の記録方法

速に再生物体光の回折効率が低下する特性を利用する（**図 5.15**）．図 5.14 においてページデータ 1 を記録するときは，参照光を θ_1 の角度で記録し，ページデータ 2, 3, ... を記録するときは参照光を $\theta_2, \theta_3, \ldots$ の角度で記録する．このとき図 5.15 のように，各参照光角度を回折効率が最も落ち込む位置に設定する．このようにすればページデータ 1 を再生したい場合は，参照光 1 と同じ角度の再生照明光を照射すれば，ページデータ 1 が高い回折効率で再生され，他のページデータは再生されない．

各参照光間の角度差 $\Delta\theta$ が小さいほど多くの情報を記録できることがわかる．角度多重方式の回折効率は，

$$\eta \propto \mathrm{sinc}^2\left(\frac{\pi t \sin(\theta_r - \theta_o)\Delta\theta}{\lambda \cos\theta_o}\right) \quad (5.30)$$

となる[45]．ここで，θ_r は参照光の入射角度，θ_o は物体光（ページデータ）の入

射角である．sinc 関数 ($\text{sinc}(x) = \sin(x)/x$) は $x = \pi$ のとき $\text{sinc}(\pi) = 0$ となるので，回折効率 η は，

$$\frac{\pi t \sin(\theta_r - \theta_o) \Delta \theta}{\lambda \cos \theta_o} = \pi \tag{5.31}$$

のとき，$\eta = 0$ と最も小さくなる．よって，$\Delta \theta$ は以下で求めることができる．

$$\Delta \theta = \frac{\lambda \cos \theta_o}{t \sin(\theta_r - \theta_o)} \tag{5.32}$$

$t = 1\,\text{cm}$ 角の記録媒体に物体光を入射角 $\theta_o = 0°$ で入射し，参照光（波長 500 nm）を直角（$\theta_r = 90°$）に入射させ，角度多重方式でページデータを記録することを考えてみよう．このとき，$\Delta \theta$ は $50\,\mu\,\text{rad}$ になる．この精度で参照光の角度を $30°(= \frac{30}{180}\pi \approx 0.5\,\text{rad})$ まで変化させることができる場合，10,000 枚（$=0.5\,\text{rad}/50\,\mu\,\text{rad}$）のページデータを記録することができる概算になる．

5.3 ホログラフィックプロジェクション

半導体レーザーや LED などの光源，LCD パネルや MEMS (micro electro mechanical systems) などの表示素子の発展により，低消費電力・小型化を志向したプロジェクタの開発が活発に行われており，今日ではマイクロプロジェクタやピコプロジェクタと呼ばれる小型プロジェクタが製品化され，携帯機器に搭載可能なモジュールタイプの製品も開発されるようになってきている．

小型プロジェクタにはいろいろな方式が提案されているが，代表的なものに LCD パネルの画像をレンズにより投影する方式や MEMS を使ったレーザー走査方式がある[46]．特に，後者はレンズが不要でどの位置にでも画像を投影できる特徴（フォーカスフリー）をもっている．プロジェクション技術にはこれら以外にもさまざまな方式が提案されているが，**ホログラフィックプロジェクション**[47,48] はホログラフィの波面を自由に制御できる特性を利用したプロジェクタとなっている．

ホログラフィックプロジェクションは，ホログラム自体がレンズとしても機能するため基本的にレンズレスで構築でき，レンズを使用しないため無収差であり小型化にも適している．また，レーザープロジェクタ一般にいえることだが，レーザーを使用するため投影画像を高コントラストにできることも期待できる．ホログラフィックプロジェクションに固有の機能として**マル**

チプロジェクション(複数画像の同時投影)や任意曲面への投影が挙げられる．一方，欠点にはスペックルノイズ，ズームの方法，ホログラムの計算時間がある．ここでは，ホログラフィックプロジェクションの原理について述べ，著者らが取り組む研究について紹介する．

5.3.1 ホログラフィックプロジェクションの原理

ホログラフィックプロジェクションの原理を**図 5.16**に示す．ホログラフィックプロジェクションはホログラムの生成と，ホログラムからの再生の2段階で投影像を得る．

図 5.16 上のように，はじめに画像を用意し，その画像に光を照射した際のホログラム面上での光波分布を以下のように求める．この計算には 3 章で紹介した回折計算を用いればよい．

$$u_2(x_2, y_2) = \mathrm{Prop}_z[u_1(x_1, y_1)] \tag{5.33}$$

ここで，$u_1(x_1, y_1)$ は伝搬元の光の分布(ここでは元画像)で，$u_2(x_2, y_2)$ は z だけ離れた伝搬先(ホログラム面)の光の分布となっている．この計算でホログラム面上での光波分布を求めることができるが，計算結果は複素振幅のため，どのように表示素子に表示すればよいかが問題になる．一般的な表示素子は光の振幅のみを制御できる振幅変調型か，位相のみを制御できる位相変調型が主流となっている．

そのため，(5.33) 式で得られた計算結果の実部のみを抽出した振幅ホログ

図 5.16 ホログラフィックプロジェクションの原理

ラム，もしくは位相部分のみを抽出したキノフォームのいずれかにする必要がある．振幅ホログラム $I(x_2, y_2)$ は例えば以下のように計算できる．

$$I_2(x_2, y_2) = \mathrm{Re}\{u_2(x_2, y_2)\} \tag{5.34}$$

また，キノフォームは以下のように計算できる．

$$I_2(x_2, y_2) = \tan^{-1} \frac{\mathrm{Im}\{u_2(x_2, y_2)\}}{\mathrm{Re}\{u_2(x_2, y_2)\}} \tag{5.35}$$

一般的ではないが，複素振幅 $u_2(x_2, y_2)$ をそのままホログラムとして取り扱う複素ホログラムも検討されており，光の振幅と位相の両方を同時に変調できる表示素子の研究も進んでいる．

次に，計算したホログラムから投影像を再生する（図 5.16 下）．表示素子にホログラムを表示し光を当てれば，計算時の距離 z の位置に投影画像が結像される．光学系にはレンズがなくても映像を投影することができる．

図 5.16 下の光学系を使用した場合の，**複素ホログラム**，**振幅ホログラム**，**キノフォーム**からの投影像結果（コンピュータシミュレーション結果）を**図 5.17** に示す．複素ホログラムは物体光をそのまま記録したものなので，その再生像はほぼ完全に再生できているが，振幅ホログラム，キノフォームは物体光の一部を記録したものなので，投影像の画質が劣化してしまう．

この問題は，以下のように元画像に対してランダムな位相分布 $\exp(i2\pi n(x_1, y_1))$ を乗じることで緩和することができる．ここで，$n(x_1, y_1)$ は 0〜1 の値域をとる乱数となっている．

$$u_2(x_2, y_2) = \mathrm{Prop}_z[u_1(x_1, y_1) \exp(i2\pi n(x_1, y_1))] \tag{5.36}$$

ランダム位相は物理的に考えると，元画像の直近に拡散板をおくのと同じ

複素ホログラム
からの再生像

振幅ホログラム
からの再生像

キノフォーム
からの再生像

図 5.17 ホログラフィックプロジェクションによる再生（コンピュータによるシミュレーション結果）

(a) 振幅ホログラムからの再生像　　(b) キノフォームからの再生像

図 5.18　ランダム位相を付加したホログラフィックプロジェクションによる再生（コンピュータによるシミュレーション結果）

効果をもつ．写真印刷における絹目調をイメージするとわかりやすいかもしれない．写真印刷では光沢紙がよく使われ，クリアな画像が得られる．表面がなめらかだからである．ただ，なめらかな表面だと反射光に指向性が伴い，見る角度によっては太陽光や蛍光灯などの外部光源が映り込んでくることがある．光沢紙に対して，表面に細かな凹凸を施した絹目調の印画紙が昔からある．光沢感は失われるが，落ち着いた印象を与える．表面で光が乱反射（拡散）するため，外部光源が映り込むことはない．ホログラムにランダム位相を重畳することは写真印画における絹目調に相当する．

　ホログラフィにおけるランダム位相の具体的な効果は，元画像の情報を伝搬先のホログラムに偏りのないように記録させることである．例えば，キノフォームは振幅を一定と見なして位相だけで 3 次元情報を再生する手法である．ところが，元画像をそのまま伝搬すると，ホログラム各画素における振幅の偏りが大きすぎて，図 5.17 右のように，通常，この近似が成り立たなくなる．そこでランダム位相を加えて振幅情報を拡散し，ホログラム面上に一様に分布させる．振幅情報が一様になれば定数となって除去でき，位相情報だけで 3 次元情報が再現される．元画像の各画素がすべて独立でランダムな位相をもてば，キノフォームは完全なホログラムと見なせることが知られている[14]．

　図 5.18 はランダム位相を付加した状態で計算した振幅ホログラム (a) とキノフォーム (b) からの再生像で，図 5.17 に比べると画質が改善できていることがわかる．ただし，ランダム位相を乗じたことで投影像に**スペックルノイズ**が発生してしまう．一般的なレーザープロジェクタでもスクリーンの粗面上でレーザーが乱反射することでスペックルが発生するが，ホログラフィックプロジェクションではこのスペックル発生要因に加えて，ランダム位相に

よるスペックルも発生してしまう．この問題の低減方法は 5.3.3 節で述べる．

5.3.2 ズーム可能なレンズレス・ホログラフィックプロジェクション

図 5.16 のようにホログラフィックプロジェクタは原理的にレンズがなくても投影像を得ることができる．ここでは，筆者らが開発を進めているレンズを使用しないでズームができるホログラフィックプロジェクションについて紹介する[49]．

ズームにはズームレンズを使うのが一般的だが装置が大型化してしまうことや，機械的な操作が必要な問題がある．そこで，ズームレンズではなく小型の液体レンズや液晶レンズを用いて電気的にズーム操作を行う研究も行われているが，コストの増加要因になるため小型プロジェクション用途には搭載しないことが望ましい．

ホログラフィックプロジェクションではズームの機能もレンズを使用せずに計算のみで実現することができる．これには二つの方法が考えられる．一つ目の方法は**図 5.19** のように元画像を画像処理で拡大した後にホログラムを計算する方法であり，容易にズームが可能である．ただし，計算量とメモリ容量は元画像サイズに比例して増大する．m 倍にズームしたい場合，計算量と計算に必要なメモリ容量は m^2 倍に比例して増加してしまう．例えば 10 倍にズームする場合，従来に比べて 100 倍の計算量とメモリ容量が必要になるため，この方法を使うことは現実的ではない．

二つ目の方法は，元画像の画素数は増やさず元画像のサンプリング間隔のみを変化させる方法である（**図 5.20**）．図 5.20 ではホログラムのサンプリン

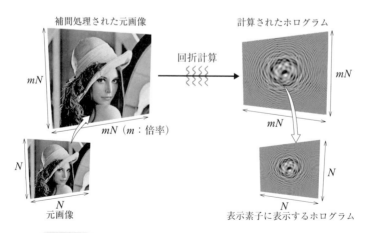

図 5.19 レンズなしでズームを行う方法（元画像を拡大）

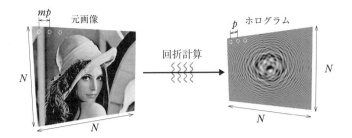

図 5.20 レンズなしでズームを行う方法（サンプリング間隔の変更）

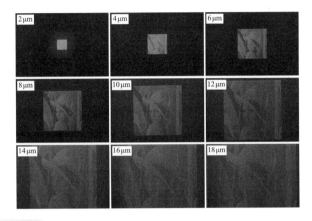

図 5.21 スケール回折計算による投影像．レンズは使用していない

[Reprinted with permission from OSA. (*Opt. Express*, 21(21):25285–25290, 2013)]

グ間隔を p とした場合，原画像のサンプリング間隔を mp としている．この方法は計算量とメモリ容量を増やさずにズーム機能を実現できるが，3章で紹介したFFTを使った一般的な回折計算では，元画像とホログラムのサンプリング間隔を同一にしなければならない制約がある．

近年，異なるサンプリング間隔で高速な計算ができる**スケール回折計算**と呼ばれる手法がいくつか提案されている．スケール回折計算を使えば，元画像とホログラムのサンプリング間隔が異なっていてもFFTを用いた高速計算ができる．この計算の詳細は 3.7.1 節で述べた．

図 5.21 にスケール回折計算を使って生成したホログラムからの再生像を示す[49]．ホログラムの表示素子に位相変調型LCDパネル（$1{,}920 \times 1{,}080$ 画素）を使用した．この表示素子の画素ピッチは $8\,\mu m$ なので，表示素子のサイズは約 $15\,\mathrm{mm} \times 9\,\mathrm{mm}$ である．ホログラムのサンプリング間隔を $8\,\mu m$ に固定しておき，元画像のサンプリング間隔を $2\,\mu m \sim 18\,\mu m$（このときの投

影像の倍率は 0.25〜2.25 倍) まで変化させた．レンズを使用しなくても投影像のズームが行えている様子がわかる．

5.3.3 スペックルノイズの低減

プロジェクションに使用するスクリーン表面は，波長サイズでみれば凹凸している粗面である．そこにレーザー光が照射されると凹凸で反射した光が干渉し合って不規則な明点が現れる．これを**スペックルノイズ**という．

ホログラフィックプロジェクションではスクリーン粗面で発生するスペックルノイズのほかに，ランダム位相によるスペックルノイズが発生する．ここでは，スペックルノイズの低減手法について述べる．

ホログラフィックプロジェクションではこのスペックルノイズを低減するために **GS アルゴリズム**がよく用いられる．GS アルゴリズムはもともと計測分野で撮影物の位相情報を復元するために開発された技術（5.1.1 節を参照）だが，ホログラムの最適化にもよく使用されている．

図 5.22 に画質改善の GS アルゴリズムの流れを示す．GS アルゴリズムはホログラムとその数値再生像に制約条件を課し反復計算を行うことで，ホログラムの最適化を行う．繰り返し計算を行うことで，徐々に所望の投影像を再生するホログラムを得ることができる．

はじめに，元画像にランダム位相を与え回折計算（ズームを行う場合はスケール回折計算）でホログラム面上での複素振幅を得る．この複素振幅の位

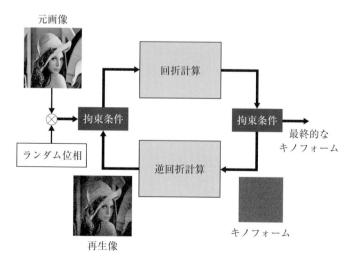

図 5.22 GS アルゴリズムによるホログラムの最適化

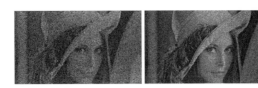

図 5.23 GS アルゴリズムで最適化されたホログラムからの再生像.左は反復回数が 5 回,右は 100 回の再生像

相(偏角)のみを計算しキノフォームとする(図 5.22 右の拘束条件).次に,このキノフォームから逆回折計算を行い再生像(投影画像)を得る.逆回折計算は回折計算の伝搬距離の符号を反転すればよい.この再生像の振幅成分を元画像に置き換え(図 5.22 左の拘束条件),以降は同様の反復処理を行うことで徐々に最適化されたホログラム(ここではキノフォーム)を得ることができる.

図 5.23 は GS アルゴリズムで最適化されたホログラムからの再生像で,左は反復回数が 5 回,右は 100 回で計算した場合を示している.反復回数が多いほどスペックルの軽減ができていることがわかるが,まだノイズが目立つ.

STORY 9　ガボールの夢を叶えた日本の技術者

　1960年にレーザーが発明されると，ホログラフィは3次元映像技術として爆発的な進展を遂げることになる．それでは，ガボールの当初の目的だった電子顕微鏡に対するホログラフィの貢献はどうなったのだろうか．

　電子線では，レーザーほどの干渉性の高い線源がなかったため，ホログラフィ技術を用いた電子顕微鏡が実用化されるまでには，さらに20年の歳月を要することになる．この間，大きな貢献を続けていたのが，外村彰（1942–2012）を中心とした日立製作所のグループである．

　ガボールがめざしていた電子顕微鏡は，2段階に分かれている．まず，電子線でホログラムを記録し，次に可視光で再生を行う．1968年，外村らは，この手順でホログラフィ再生ができることを示し，この研究領域は電子線ホログラフィと呼ばれるようになった．外村らは，輝度の高い電子線源（電界放射電子線）の開発に着手し，10年後の1978年には劇的な進展をみせる．そして，これまで見ることのできなかった電子線の干渉縞（ホログラム）が直接見えるようになり，電子線ホログラフィが実用化されることになった．

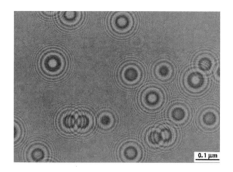

電子の干渉写真．水面の波紋のように，波の性質を表した電子を見事にとらえている．（写真提供：（株）日立製作所研究開発グループ）

　新しい電子顕微鏡が完成した1979年，外村は，本質的に光学顕微鏡ではできない問題に挑戦し始めた．アハラノフ・ボーム効果（AB効果）の実証である．古典的な電磁気学では，電子は電場や磁場に触れない限り，力を受けない．とこ

ろが，量子力学においては，電場や磁場に触れなくても，ゲージ場によって電子は影響を受けることを，1959 年にアハラノフ（Y. Aharonov; 1932–）とボーム（D.J. Bohm; 1917–1992）は予想した．これが AB 効果である．量子力学の現象がじかに観察できるという期待と，常識外れな理論だとする猜疑的な見方が交錯して，200 を超える検証実験が行われた．だが，確証は得られず，20 年を超える大きな論争になっていた．

電子線ホログラフィは電子の位相を調べるには最も適した技術であった．外村らは，超伝導を利用して，リング状の磁石に磁場を閉じ込め，リングの外と穴の中に電子線を通した．6 年に及ぶ実験の結果，2 本の電子線の位相が半波長分ずれていることが確認された．

1986 年に AB 効果を立証した論文が発表されると，外村の名前は物理分野にも広がり，一気にノーベル賞候補に躍り出る．

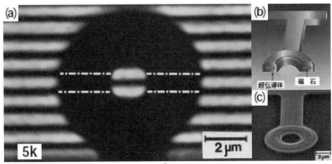

(a) 電子線の干渉縞　位相差＝$\frac{1}{2}$波長
(b) 模式図
(c) 走査型電子顕微鏡像

電子線ホログラフィによる AB 効果の立証
（写真提供：（株）日立製作所研究開発グループ）

ホログラフィは電子顕微鏡を改善するために生まれた．そして，その目的を達成したのは日本の研究者だったことは覚えておきたい．その中心にいた外村は，ノーベル賞候補に名前があがり続けながらも，2012 年にその生涯を閉じている．

STORY 10　コンピュータとホログラフィ

　ホログラフィの研究はレーザーの発明によって 1960 年代から 1970 年代にかけて飛躍的に進展した．アナログとしてのホログラフィ技術の理論的な研究は一応の完成を示し，1980 年代後半には研究者が激減したといわれている．1990 年から再び活性化していくが，その中心はコンピュータとの融合であった．つまり，デジタル技術への移行である．

　アメリカで巨大な電子計算機 ENIAC が姿を現したのは 1946 年である．1950 年代にはコンピュータは商用化され，市場は拡大していった．それはちょうどホログラフィの進展と重なる．そのため，ホログラフィとコンピュータの関わりは，現在の研究者が想像している以上に早い．

　まずはホログラフィックメモリである．ホログラフィを発表した翌 1949 年，ガボールは早くも 3 次元メモリの可能性を示している．その後，ホログラフィックメモリの研究は活性期と停滞期を繰り返して今日に至っている．さらにいえば，70 年を経た現在においても実用化には至っていない．

　CGH の研究も 1960 年代に始まっており，最初の論文は 1966 年にブラウン（B. R. Brown）とローマン（A. W. Lohmann）によって発表されている．本書で扱っている CGH とは異なり，少々技巧的である．ホログラムをセルに分割し，各セルが所定の回折を起こすように長方形の窓をあける．窓の面積で振幅を，位置で位相を表す．2 値迂回位相ホログラム（ローマンホログラム）と呼ばれている．

　ホログラムには振幅型と位相型があり，回折効率の点で位相型が有利である．そこで，光学的なホログラムでは漂白などによってホログラムを透明化し，干渉縞の情報をホログラム面の凹凸などに置き換える．ところが，一般的な電子表示デバイスは輝度値か位相のどちらかしか表現できない．そのため，位相ホログラムを利用するには振幅情報を無視する（一様とおく）．このようなホログラムをキノフォームという．キノフォームについても，1969 年に IBM のレセム（L. B. Lesem）らによって発表されている．

　イメージセンサなどでホログラムを記録し，コンピュータ内で可視化するデジタルホログラフィの研究も 1960 年代に始まっている．グッドマン（J.W. Goodman）による最初の論文は 1967 年に発表された．ビジコンと呼ばれる撮像管を使ってホログラムを記録し，ミニコンと呼ばれる計算機で再生像を可視化した．

膨大な基礎理論が1970年代までに明らかにされ，研究は停滞期に入る．再び灯をともしたのは，1990年に行われた動画ホログラフィのデモである．指導したのはレインボーホログラムを開発したベントンだった．

　ポラロイド社からMITに移っていたベントンは，AOM（acoustic optical modulator：音響光学素子）を用いて電子的なCGHシステムを開発した．AOMはレーザーの強度（明るさ）を制御する．これを水平方向に並べて1次元のホログラムを構成した．レインボーホログラムのときと同じように縦方向の視差を無視したのである．このときの目的は計算コストの大幅な削減であった．完全な3次元映像ではないもののMITの動画ホログラフィは大きなインパクトを与えた．3次元テレビジョンにつながる電子ホログラフィ研究の始まりである．

　ちなみに，発表論文には「桜の花」が掲載されている．このときの連名者の1人は日本大学の吉川浩である．当時，MITに留学しており，母校の日本大学の校章にちなんで作成したというエピソードが『日本のホログラフィーの発展』の中で語られている．

　その後，電子ホログラフィの困難さも明確になり，研究は一時停滞する．2000年代に入り，高精細なLCDが市販されるようになると，再び研究は活性化しはじめ，今日に至っている．

　ホログラフィの歴史を振り返ると，レーザーホログラフィの発表を契機に，ホログラフィ研究が基礎から応用まで，ものすごい勢いで進展したことがわかる．その一方で，これだけの可能性が提案されながらも，社会実装された技術はごく一部である．その間，50年という歳月が流れている．そこに，ホログラフィの奥深さをあらためて認識させられる．

　ホログラフィは，今なお，想像力豊かな新たな研究者を待っているように思われる．

付録A　フーリエ変換

コンピュータホログラフィではフーリエ変換が重要な役割を果たしている．ここでは，本書で使用しているフーリエ変換の諸公式をまとめる．

A.1　フーリエ変換の定義

1次元の空間（もしくは時間）信号を $u(x)$，そのフーリエ変換を $U(f)$ とすると，フーリエ変換は，

$$U(f) = \int_{-\infty}^{\infty} u(x)\exp(-i2\pi fx)dx = \mathcal{F}\left[u(x)\right] \qquad (A.1)$$

逆フーリエ変換は

$$u(x) = \int_{-\infty}^{\infty} U(f)\exp(i2\pi fx)df = \mathcal{F}^{-1}\left[U(f)\right] \qquad (A.2)$$

と定義される．

2次元の空間信号を $u(x,y)$，そのフーリエ変換を $U(f_x, f_y)$ とすると，2次元フーリエ変換は，

$$U(f_x, f_y) = \int\int_{-\infty}^{\infty} u(x,y)\exp(-i2\pi(f_x x + f_y y))dxdy = \mathcal{F}\left[u(x,y)\right] \qquad (A.3)$$

と定義され，2次元逆フーリエ変換は

$$u(x,y) = \int\int_{-\infty}^{\infty} U(f_x, f_y)\exp(i2\pi(f_x x + f_y y))df_x df_y = \mathcal{F}^{-1}\left[U(f_x, f_y)\right] \qquad (A.4)$$

と定義できる．

A.2　推移則

1次元フーリエ変換の**推移則**は

$$u(x-s) \longleftrightarrow U(f)e^{-i2\pi fs} \qquad (A.5)$$

$$u(x)\exp(i2\pi sx) \longleftrightarrow U(f-s) \tag{A.6}$$

となる．2次元の場合はそれぞれ，

$$u(x-s, y-t) \longleftrightarrow U(f_x, f_y)e^{-i2\pi(f_x s + f_y t)} \tag{A.7}$$

$$u(x,y)\exp(i2\pi(sx+ty)) \longleftrightarrow U(f_x - s, f_y - t) \tag{A.8}$$

となる．ここで $\rightarrow$ はフーリエ変換，$\leftarrow$ は逆フーリエ変換を表す．

A.3 畳み込み定理

畳み込み定理は回折計算で多用されるため重要である．フーリエ変換と畳み込み積分の関係は以下のように書ける．

$$u(x) \otimes h(x) = \mathcal{F}^{-1}\left[\mathcal{F}\left[u(x)\right]\mathcal{F}\left[h(x)\right]\right] \tag{A.9}$$

以下に証明を示す．

$$\begin{aligned}
F[u(x) \otimes h(x)] &= \int_{-\infty}^{\infty}\left[\int_{-\infty}^{\infty} u(\xi)h(x-\xi)d\xi\right]e^{-i2\pi fx}dx \\
&= \int_{-\infty}^{\infty} u(\xi)\left[\int_{-\infty}^{\infty} h(x-\xi)e^{-i2\pi fx}dx\right]d\xi \\
&= \int_{-\infty}^{\infty} u(\xi)e^{-i2\pi f\xi}\mathcal{F}\left[h(x)\right]d\xi \quad (\text{推移則より}) \\
&= \mathcal{F}\left[h(x)\right]\int_{-\infty}^{\infty} u(\xi)e^{-i2\pi f\xi}d\xi \\
&= \mathcal{F}\left[h(x)\right]\mathcal{F}\left[u(x)\right]
\end{aligned} \tag{A.10}$$

よって，両辺の逆フーリエ変換を行うことで，

$$u(x) \otimes h(x) = \mathcal{F}^{-1}\left[\mathcal{F}\left[u(x)\right]\mathcal{F}\left[h(x)\right]\right] \tag{A.11}$$

となり，2次元の場合は

$$u(x,y) \otimes h(x,y) = \mathcal{F}^{-1}\left[\mathcal{F}\left[u(x,y)\right]\mathcal{F}\left[h(x,y)\right]\right] \tag{A.12}$$

と書ける．

[1] K. Matsushima. Computer-generated holograms for three-dimensional surface objects with shade and texture. *Appl. Opt.*, 44(22):4607–4614, 2005.

[2] 永井啓之亮. 超音波ホログラフィ. 日刊工業新聞社, 1989.

[3] K. Sato. Characteristics of kinoform by LCD and its application to display the animated color 3D image. In *Proceedings of SPIE 2176, Practical Holography VIII*, 42, 1994.

[4] T. Shimobaba and T. Ito. A color holographic reconstruction system by time division multiplexing with reference lights of laser. *Opt. Rev.*, 10(5):339–341, 2003.

[5] T. Ito and K. Okano. Color electroholography by three colored reference lights simultaneously incident upon one hologram panel. *Opt. Express*, 12(18):4320–4325, 2004.

[6] D. Sugimoto, Y. Chikada, J. Makino, T. Ito, T. Ebisuzaki, and M. Umemura. A special-purpose computer for gravitational many-body problems. *Nature*, 345:33–35, 1990.

[7] Y. Ichihashi, H. Nakayama, T. Ito, N. Masuda, T. Shimobaba, A. Shiraki, and T. Sugie. HORN-6 special-purpose clustered computing system for electroholography. *Opt. Express*, 17(16):13895–13903, 2009.

[8] A. Shiraki, N. Takada, M. Niwa, Y. Ichihashi, T. Shimobaba, N. Masuda, and T. Ito. Simplified electroholographic color reconstruction system using graphics processing unit and liquid crystal display projector. *Opt. Express*, 17(18):16038–16045, 2009.

[9] H. Yoshikawa. Fast computation of Fresnel holograms employing difference. *Opt. Rev.*, 8(5):331–335, 2001.

[10] T. Shimobaba and T. Ito. An efficient computational method suitable for hardware of computer-generated hologram with phase computation by addition. *Comput. Phys. Commun.*, 138(1):44–52, 2001.

[11] H. Yoshikawa, T. Yamaguchi, and R. Kitayama. Real-Time gener-

ation of full color image hologram with compact distance look-up table. *OSA Topical Meeting on Digital Holography and Three-Dimensional Imaging 2009*, DWC4, 2009.

[12] T. Shimobaba, N. Masuda, and T. Ito. Simple and fast calculation algorithm for computer-generated hologram with wavefront recording plane. *Opt. Lett.*, 34(20):3133–3135, 2009.

[13] T. Ito, T. Yabe, M. Okazaki, and M. Yanagi. Special-purpose computer HORN-1 for reconstruction of virtual image in three dimensions. *Comput. Phys. Commu.*, 82:104–110, 1994.

[14] J. Goodman. *Introduction to Fourier Optics(3rd ed.)*. Roberts & Company Publishers, 2005.

[15] G. Sherman. Application of the convolution theorem to rayleigh's integral formulas. *J. Opt. Soc. Am.*, 57(4):546–547, 1967.

[16] FFTW. http://www.fftw.org/

[17] Kiss FFT. https://sourceforge.net/projects/kissfft/

[18] K. Matsushima, H. Schimmel, and F. Wyrowski. Fast calculation method for optical diffraction on tilted planes by use of the angular spectrum of plane waves. *J. Opt. Soc. Am. A*, 20(9):1755–1762, 2003.

[19] R. Muffoletto, J. Tyler, and J. Tohline. Shifted fresnel diffraction for computational holography. *Opt. Express*, 15(9):5631–5640, 2007.

[20] T. Shimobaba, T. Kakue, N. Okada, M. Oikawa, Y. Yamaguchi, and T. Ito. Aliasing-reduced fresnel diffraction with scale and shift operations. *J. Opt.*, 15(7):075405, 2013.

[21] T. Shimobaba, K. Matsushima, T. Kakue, N. Masuda, and T. Ito. Scaled angular spectrum method. *Opt. Lett.*, 37(19):4128–4130, 2012.

[22] B. Kemper and G. Bally. Digital holographic microscopy for live cell applications and technical inspection. *Appl. Opt.*, 47(4):A52–A61, 2008.

[23] T. Nakatsuji and K. Matsushima. Free–viewpoint images captured using phase-shifting synthetic aperture digital holography. *Appl. Opt.*, 47(19):D136–D143, 2008.

[24] M. Takeda, H. Ina, and S. Kobayashi. Fourier-transform method of fringe-pattern analysis for computer-based topography and interferometry. *J. Opt. Soc. Am.*, 72(1):156–160, 1982.

[25] E. Cuche, P. Marquet, and C. Depeursinge. Spatial filtering for zero-order and twin-image elimination in digital off-axis holography. *Appl. Opt.*, 39(23):4070–4075, 2000.

[26] J. Garcia-Sucerquia. Color lensless digital holographic microscopy with micrometer resolution. *Opt. Lett.*, 37(10):1724–1726, 2012.

[27] T. Shimobaba, H. Yamanashi, T. Kakue, M. Oikawa, N. Okada, Y. Endo, R. Hirayama, N. Masuda, and T. Ito. In-line digital holographic microscopy using a consumer scanner. *Scientific reports*, 3, 2013.

[28] I. Yamaguchi and T. Zhang. Phase–shifting digital holography. *Opt. Lett.*, 22(16):1268–1270, 1997.

[29] I. Yamaguchi, J. Kato, S. Ohta, and J. Mizuno. Image formation in phase-shifting digital holography and applications to microscopy. *Appl. Opt.*, 40(34):6177–6186, 2001.

[30] C. Guo, L. Zhang, H. Wang, J. Liao, and Y. Zhu. Phase–shifting error and its elimination in phase-shifting digital holography. *Opt. Lett.*, 27(19):1687–1689, 2002.

[31] Y. Awatsuji, M. Sasada, and T. Kubota. Parallel quasi-phase-shifting digital holography. *Appl. Phys. Lett.*, 85(6):1069–1071, 2004.

[32] T. Kakue, R. Yonesaka, T. Tahara, Y. Awatsuji, K. Nishio, S. Ura, T. Kubota, and O. Matoba. High-speed phase imaging by parallel phase-shifting digital holography. *Opt. Lett.*, 36(21):4131–4133, 2011.

[33] L. Martínez-León, M. Araiza-E, B. Javidi, P. Andrés, V. Climent,

J. Lancis, and E. Tajahuerce. Single-shot digital holography by use of the fractional talbot effect. *Opt. Express*, 17(15):12900–12909, 2009.

[34] A. Siemion, M. Sypek, M. Makowski, J. Suszek, A. Siemion, D. Wojnowski, and A. Kolodziejczyk. One-exposure phase-shifting digital holography based on the self-imaging effect. *Opt. Eng.*, 49(5):055802, 2010.

[35] M. Imbe and T. Nomura. Single-exposure phase-shifting digital holography using a random-complex-amplitude encoded reference wave. *Appl. Opt.*, 52(1):A161–A166, 2013.

[36] K. Maejima and K. Sato. One-shot digital holography for real-time recording of moving color 3-D images. *Advances in Imaging*, paper DMA2, 2009.

[37] ミニ特集 回折イメージング–位相回復の新展開. *計測と制御*, 50(5):313–337, 2011.

[38] J. Fienup. Phase retrieval algorithms: a comparison. *Appl. Opt.*, 21(15):2758–2769, 1982.

[39] G. Pedrini, W. Osten, and Y. Zhang. Wave-front reconstruction from a sequence of interferograms recorded at different planes. *Opt. Lett.*, 30(8):833–835, 2005.

[40] 菊池宏. ホログラフィー基盤技術の研究概要. *NHK 技研 R&D*, (138):8–21, 2013.

[41] 木下延博, 室井哲彦, 石井紀彦, 上條晃司, 菊池宏, 清水直樹. ホログラム・メモリーの記録密度の向上技術. *NHK 技研 R&D*, (138):22–31, 2013.

[42] 大越孝敬 (著), 電子通信学会 (編). ホログラフィ. 電子通信学会, 1977.

[43] 志村努 (監修). ホログラフィックメモリーのシステムと材料. シーエムシー出版, 2006.

[44] H. Kogelnik. Coupled wave theory for thick hologram gratings. *The Bell System Technical Journal*, 48(9):2909–2947, 1969.

[45] L. Hesselink, S. Orlov, and M. Bashaw. Holographic data storage

systems. In *Proceedings of the IEEE*, 92(8):1231–1280, 2004.

[46] 黒田和男，山本和久，栗村直（編）．解説レーザーディスプレイ．オプトロニクス社，2010.

[47] E. Buckley. Holographic laser projection. *J. Display Technol.*, 7(3):135–140, 2011.

[48] T. Shimobaba, T. Kakue, and T. Ito. Real-time and low speckle holographic projection. *Industrial informatics, 2015 IEEE 13th international conference on.* 732–741, 2015.

[49] T. Shimobaba, M. Makowski, T. Kakue, M. Oikawa, N. Okada, Y. Endo, R. Hirayama, and T. Ito. Lensless zoomable holographic projection using scaled fresnel diffraction. *Opt. Express*, 21(21):25285–25290, 2013.

STORY の参考文献

（書籍）

- W. E. Cock(著)，小瀬輝次，芳野俊彦 (訳)．レーザーとホログラフィー．河出書房新社，1971.
- 外村彰．電子線ホログラフィー．オーム社，1985.
- 朝倉健太郎，安達公一．電子顕微鏡をつくった人びと．医学出版センター，1989.
- 鈴木正根．実践ホログラフィ技術 (増補改訂版)．オプトロニクス社，1993.
- 辻内順平．ホログラフィー．裳華房，1997.
- 本田捷夫ほか．高度立体動画像通信プロジェクト最終成果報告書．通信放送機構，1997.
- 曽我部正博，臼倉治郎．バイオイメージング．共立出版，1998.
- 日本のホログラフィーの歴史編集委員会 (編)．日本のホログラフィーの発展．アドコム・メディア，2010.
- J.W.Goodman(著)，尾崎義治，朝倉利光 (訳)．フーリエ光学．森北出版，2012.

（解説記事）

- 外村彰. 電子線ホログラフィー. *日経サイエンス 1985 年 1 月号*, 1985.
- 外村彰. 電子波で見る電磁界分布. *電子情報通信学会誌*, 83(12):906–913, 2000.
- 外村彰. 電子の波に魅せられて. *日立評論 2005 年 5 月号*, 2005.
- アスカル・クタノフ, 石井勢津子, 土肥寿秀. 訃報　ホログラフィーの父デニシュク氏を偲ぶ. *OplusE 2006 年 11 月号*, 2006.
- 外村彰. 電子線ホログラフィーとそれが拓く量子の世界. *応用物理*, 78:795–800, 2009.
- 伊藤智義. 外村彰さんが示した日本企業の研究力. *朝日新聞WEBRONZA 2012 年 5 月 14 日*, 2012.
- 辻内順平. Emmett N. Leith Medal の受賞. *HODIC Circular*, 37(1):40–41, 2017.

（論文）

- G. Lippmann. La photographie des couleurs. *Compt. Rend. Acad. Sci. Paris*, 112:274–275, 1891.
- G. Lippmann. Epreuves reversibles. photographies integrals. *Compt. Rend. Acad. Sci.*, 146:446–451, 1908.
- D. Gabor. A new microscopic principle. *Nature*, 161:777–778, 1948.
- D. Gabor. Microscopy by reconstructed wave-fronts. In *Proceedings of the Royal Society of London A: Mathematical, Physical and Engineering Sciences*, 197:454–487, 1949.
- E. N. Leith and J. Upatnieks. Reconstructed wavefronts and communication theory. *J. Opt. Soc. Am.*, 52:1123–1130, 1962.
- Y. N. Denisyuk. Photographic reconstruction of the optical properties of an object in its own scattered radiation field. *Soviet Physics Doklady*, 7:543–545, 1962.
- E. N. Leith and J. Upatnieks. Wavefront reconstruction with continuous-tone objects. *J. Opt. Soc. Am.*, 53:1377–1381, 1963.
- E. N. Leith and J. Upatnieks. Wavefront reconstruction with dif-

- fused illumination and three-dimensional objects. *J. Opt. Soc. Am.*, 54:1295–1301, 1964.
- B. R. Brown and A. W. Lohmann. Complex spatial filtering with binary masks. *Appl. Opt.*, 5:967–969, 1966.
- A. W. Lohmann and D. P. Paris. Binary Fraunhofer holograms, generated by computer. *Appl. Opt.*, 6:1739–1748, 1967.
- J. W. Goodman and R. W. Lawrence. Digital image formation from electronically detected holograms. *Appl. Phys. Lett.*, 11:77–79, 1967.
- A. Tonomura, A. Fukuhara, H. Watanabe, and T. Komoda. Optical reconstruction of image from Fraunhofer electron-hologram. *Jpn.J.Appl.Phys.*, 7:295, 1968.
- L. B. Lesem, P. M. Hirsch, and J. A. Jordan. The kinoform: a new wavefront reconstruction device. *IBM Journal of Research and Development*, 13:150–155, 1969.
- S. A. Benton. Hologram reconstructions with extended incoherent sources. *J. Opt. Soc. Am.*, 59:1545–1546, 1969.
- 朝倉健太郎. 電子顕微鏡の発明者にノーベル賞は与えられなかった. *金属*, 50:46–52, 1980.
- A. Tonomura, N. Osakabe, T. Matsuda, T. Kawasaki, J. Endo, S. Yano, and H. Yamada. Evidence for Aharonov-Bohm effect with magnetic field completely shielded from electron wave. *Phys. Rev. Lett.*, 56:792–795, 1986.
- P. S. Hilaire, S. A. Benton, M. Lucente, M. L. Jepsen, J. Kollin, H. Yoshikawa, and J. Underkoffler. Electronic display system for computational holography. In *Proceedings of SPIE* 1212-20, 174–182, 1990.

ホログラフィ関連書籍

＊年代の古いものもあるが，大学の図書館等で適宜参考にしていただければ幸いである．

[1] 大越孝敬 (著), 電子通信学会 (編). ホログラフィ. 電子通信学会, 1977.

　　ホログラフィの理論を詳しく解説している名著である．理論面をより深く理解したい読者はぜひ一読されたい．

[2] 本田捷夫. ホログラフィのはなし. 日刊工業新聞社, 1987.

　　日本光学会ホログラフィックディスプレイ研究会の初代会長による解説書である．ホログラフィの基本について，コンパクトにまとまっている．

[3] 永井啓之亮. 超音波ホログラフィ. 日刊工業新聞社, 1989.

　　ホログラフィはいろいろな波長帯で実現でき，超音波領域を扱った解説書である．本書第2章の空間分解能は，この書籍の解説を参考にした．

[4] 鈴木正根. 実践ホログラフィ技術 (増補改訂版). オプトロニクス社, 1993.

　　図や写真を多用した解説書である．本書STORY7のレインボーホログラムは，この書籍の解説を参考にした．著者は国内唯一のホログラフィに関する賞である「鈴木岡田記念賞」に名前を残している．

[5] 辻内順平. ホログラフィー (物理学選書). 裳華房, 1997.

　　著者はホログラフィ研究のさきがけ研究者の一人であり，ホログラフィについての代表的な教科書である．著者については本書STORY4でも紹介している．

[6] 山口一郎. 応用光学. オーム社, 1998.

　　本書第4章の位相シフトデジタルホログラフィで有名な著者 (2007年にデニス・ガボール賞を受賞) による解説書である．位相シフトデジタルホログラフィを解説しているわけではないが，光の伝搬，干渉，回折をバランスよく記述している．

[7] P. Hariharan(著), 吉川浩, 羽倉弘之 (訳). ホログラフィーの原理. オプトロニクス社, 2004.

　　ホログラフィの理論から始まり，計算機合成ホログラム・干渉計測などのさまざまなホログラフィの応用を解説している．

[8] B. Kress, P. Meyrueis(著), 小舘香椎子, 駒井友紀, 藤野誠 (訳). デジタル回折光学. 丸善, 2005.

　　ホログラフィは光波を制御できるため計算機を使って特殊な光学素子（回折光学素子）を設計することができる．本書では取り上げなかったが，回折光学素子はホログラフィの重要な応用の一つで，この書籍は回折光学素子の解説書である．

[9] 辻内順平 (監修). ホログラフィー材料・応用便覧. エヌ・ティー・エス, 2007.

国内の複数の有力なホログラフィの研究者が執筆した書籍であり，ホログラフィの材料，計算機合成ホログラム，ホログラフィックディスプレイ，ホログラフィックメモリ，回折計算など専門的な内容が取り扱われている．[5] の著者が監修を行っている．

[10] 日本のホログラフィーの歴史編集委員会 (編). 日本のホログラフィーの発展. アドコム・メディア, 2010.

草創期からコンピュータホログラフィに至るまでの研究の歴史を，時代を創り上げた人（研究者）を中心に記述した貴重な記録である．ホログラフィを学ぶうえでは，ぜひ一読されたい．

[11] 久保田敏弘. 新版 ホログラフィ入門. 朝倉書店, 2010.

ホログラフィ研究の先駆者の一人であり，特にカラーホログラフィで有名な著者の解説書である．[5] と並んで，ホログラフィの代表的な教科書となっている．著者は現在でも光学のホログラムを作製しており，本書第 2 章図 2.19 で利用させていただいた．

[12] J.W. Goodman(著), 尾崎義治, 朝倉利光 (訳). フーリエ光学 (第 3 版), 森北出版, 2012.

初版（1968）から 50 年を経た現在においても読み継がれている名著である．タイトルからはわかりにくいが，ホログラフィにおける光伝搬が整理されて解説されている．

[13] 谷田貝豊彦. 光とフーリエ変換 (光学ライブラリー 4). 朝倉書店, 2012.

ホログラフィにおいてフーリエ変換は重要な役割を演じている．光学とフーリエ変換について平易に解説されている．著者は草創期から計算機ホログラフィの研究を牽引し，2017 年にデニス・ガボール賞を受賞している．

[14] 志村努 (監修). ホログラフィックメモリーのシステムと材料. シーエムシー出版, 2012.

国内では数少ないホログラフィックメモリの解説書である．国内の有力なホログラフィックメモリの研究者が執筆している．

[15] 川田善正. はじめての光学. 講談社, 2014.

ホログラフィで重要な回折や干渉の基礎から始まり，デジタルホログラフィを理解するうえで重要な顕微鏡技術の理論を平易に解説している．

[16] 早崎芳夫 (編著). ディジタルホログラフィ (光学ライブラリー 7). 朝倉書店, 2016.

国内の有力なデジタルホログラフィの研究者が執筆したデジタルホログラフィの専門書である．本書で紹介したデジタルホログラフィの内容をより深く学ぶのに最適な一冊となっている．

索引

欧文

CCD 104
CGH 22
CMOS 104
DHM 104
F 値 40
FFT 81, 86
FFT Shift 85
FFTW 85
FFT の周期性 83
FPGA 62
GPGPU 54
GPU 32, 53
GS アルゴリズム 131, 152
HIO 法 134
HORN 61
LCD 6
LED 34
LUT 49
SLM 33

あ

位相 2
位相アンラッピング 108
位相回復アルゴリズム 130
位相型 CGH 37
位相シフトデジタルホログラフィ 120
位相ホログラム 37
イメージホログラム 12, 59
インパルス応答 70, 74
インライン型デジタルホログラフィ ... 111
インラインホログラム 9
エイリアシング 91
液晶ディスプレイ 6
エバネッセント光 71
エラーリダクション法 133
エワルド球 143
演算子 76
演算量 48
オイラーの公式 2

オフアクシス型デジタルホログラフィ . 112
オフアクシスホログラフィ 109
オフアクシスホログラム... 9, 39, 66, 100
折り返し雑音 91
オルソスコピック像 36
オンアクシスホログラム 9

か

開口数 137
回折 7, 68
回折計算の演算子 76
回折光 8
回折効率 37, 142
回折積分 68
可干渉性 7
角スペクトル 71
角スペクトル法 69
角度多重方式 144
ガボール 14, 64
ガボール型デジタルホログラフィ 115
ガボールホログラム 116
カラー電子ホログラフィシステム 44
干渉 7
干渉縞 7
干渉縞間隔 110
幾何光学 4, 90
ギガピクセルデジタルホログラフィック
    顕微鏡 118
キノフォーム 38, 148
逆 FFT 86
逆回折計算 106
球面波 3, 5
共役光 9
共役像 24
局所空間周波数 93
虚像 24
近軸近似 73
近接場光 71
空間周波数 111
空間多重方式 46
空間光変調器 33
空間分解能 40

計算機合成ホログラム 22
傾斜因子 69
格子ベクトル 142
合成開口デジタルホログラフィ . . 109, 119
高速フーリエ変換 81
コヒーレンス 7
コリメータレンズ 34
コンピュータホログラフィ 6

さ

撮影光学系 7
差分法 56
サポート 133
3 次元映像 18
3 次元計測 104
参照光 7
サンプリング間隔 77
3 枚パネルカラーホログラフィ 45
視域 19
視域角 19
時間分解能 45
実像 24
シフト回折計算 95
時分割方式 44
視野 111
視野レンズ 35
シュードスコピック像 36
循環畳み込み 82
象限交換 85
情報落ち 27
初期位相 2
信号光 139
振幅 2
振幅型 CGH 37
振幅ホログラム 24, 37, 148
推移則 114, 158
スカラー波 1
スケール回折計算 95, 151
スペックルノイズ 149, 152
ゼロパディング 83, 88
線形近似 25
ゾーンプレート 24
ゾンマーフェルト回折積分 68

た

畳み込み定理 69, 159
単精度 27

チャープ信号 93
直接光 9
直線畳み込み 82
テイラー展開 25
デジタルホログラフィ 6, 104, 156
デジタルホログラフィック顕微鏡 . . . 104
デニシュウホログラム 102
テーブル 49
テーブル参照 47
テーブル参照法 49
点群 23
電子顕微鏡 16, 128
電子線ホログラフィ 154
電子ホログラフィ 6, 18, 22
伝達関数 70
等位相面 3
透過型 LCD 33

な

二項展開 25
2 重像問題 109

は

倍精度 27
波数 2
波数ベクトル 3
バックプロパゲーション 106
発光ダイオード 34
波面記録法 60
反射型 LCD 33
ピエゾ素子 120
非負拘束条件 133
ビームエクスパンダ 104
標本化定理 111
フォトポリマー 139
フォトリフラクティブ材料 139
複素ホログラム 148
物体光 5, 7
フラウンホーファ回折 11, 75, 133
フラウンホーファホログラム 11, 59
ブラッグ回折 140
ブラッグ角 142
フーリエ反復法 133
フーリエ変換 158
フーリエ変換ホログラム 12
フレネル回折 11, 72
フレネル近似 28, 73

フレネルホログラム 11, 59	
平面波 3	
平面波展開 69	
並列位相シフトデジタルホログラフィ . 124	
並列計算 47, 53	
並列処理 53	
ベクトル波 1	
ページデータ 138	
方向余弦 4	
ボリュームホログラム 139	
ホログラフィ 5	
ホログラフィ専用計算機 55, 61	
ホログラフィックテレビジョン 18	
ホログラフィックプロジェクション . . . 146	
ホログラフィックメモリ 138, 156	
ホログラフィの発明 64	
ホログラム 5

ま

マルチプレックスホログラム 21
マルチプロジェクション 146

ら

ランダム位相 148
離散化 77
リップマンホログラム 103
ルックアップテーブル 50
レインボーホログラム 126
レーザー 66
レンズの位相変換作用 91
レンズの結像シミュレーション 89
レンズのフーリエ変換作用 12
レンズレスフーリエ変換ホログラム 13, 109

著者紹介

伊藤 智義（いとう ともよし）　学術博士
1992 年　東京大学大学院総合文化研究科博士課程中退
現　在　千葉大学大学院工学研究院 教授

下馬場 朋禄（しもばば ともよし）　博士（工学）
2002 年　千葉大学大学院自然科学研究科博士課程修了
現　在　千葉大学大学院工学研究院 准教授

NDC549　183p　21cm

ホログラフィ入門（にゅうもん）
コンピュータを利用した３次元映像（りょうさんじげんえいぞう）・３次元計測（さんじげんけいそく）

2017 年 8 月 4 日　第 1 刷発行
2018 年 7 月 3 日　第 2 刷発行

著　者　伊藤智義・下馬場朋禄（いとうともよし　しもばばともよし）
発行者　渡瀬昌彦
発行所　株式会社　講談社
　　　　〒112-8001　東京都文京区音羽 2-12-21
　　　　　販売　(03)5395-4415
　　　　　業務　(03)5395-3615
編　集　株式会社　講談社サイエンティフィク
　　　　代表　矢吹俊吉
　　　　〒162-0825　東京都新宿区神楽坂 2-14　ノービィビル
　　　　　編集　(03)3235-3701
本文データ制作　藤原印刷株式会社
印刷所　株式会社平河工業社
製本所　株式会社国宝社

落丁本・乱丁本は，購入書店名を明記のうえ，講談社業務宛にお送りください．送料小社負担にてお取替えします．なお，この本の内容についてのお問い合わせは，講談社サイエンティフィク宛にお願いいたします．定価はカバーに表示してあります．

©Tomoyoshi Ito and Tomoyoshi Shimobaba, 2017

本書のコピー，スキャン，デジタル化等の無断複製は著作権法上での例外を除き禁じられています．本書を代行業者等の第三者に依頼してスキャンやデジタル化することはたとえ個人や家庭内の利用でも著作権法違反です．

JCOPY　〈(社)出版者著作権管理機構 委託出版物〉

複写される場合は，その都度事前に（社）出版者著作権管理機構（電話 03-3513-6969，FAX 03-3513-6979，e-mail: info@jcopy.or.jp）の許諾を得てください．

Printed in Japan

ISBN 978-4-06-156570-8